国家自然科学基金青年基金项目：煤矿安全管理组织行为作用机理及量化方法研究（51204188）资助

煤矿安全管理行为
评估与干预

佟瑞鹏　著

中国劳动社会保障出版社

图书在版编目（CIP）数据

煤矿安全管理行为评估与干预/佟瑞鹏著. —北京：中国劳动社会保障出版社，2015

ISBN 978-7-5167-2238-1

Ⅰ.①煤…　Ⅱ.①佟…　Ⅲ.①煤矿–矿山安全–安全管理–研究　Ⅳ.①TD7

中国版本图书馆CIP数据核字（2015）第287700号

中国劳动社会保障出版社出版发行

（北京市惠新东街 1 号　邮政编码：100029）

＊

北京金明盛印刷有限公司印刷装订　　新华书店经销

880 毫米 × 1230 毫米　32 开本　7.5 印张　164 千字
2015 年 12 月第 1 版　　2015 年 12 月第 1 次印刷
定价：**20.00 元**

读者服务部电话：（010）64929211/64921644/84626437
发行部电话：（010）64961894
出版社网址：http://www.class.com.cn

内容简介

煤矿管理人员和矿工的不安全行为以及薄弱的安全管理组织行为是引发煤矿事故最重要的原因之一。对煤矿安全管理组织行为作用于个体行为的发生规律及其作用机理的认识，有利于系统地研究煤矿安全管理行为的特征与规律，进而分别构建组织安全行为评估与个体不安全行为评估的方法，建立组织安全行为评估指标体系，形成个体不安全行为评估初级量表，并以此提出煤矿安全管理组织行为干预的流程和措施，在建模仿真的基础上论证行为干预方法的效果，选择有效的行为干预路径。这是解决行为安全方法与煤矿安全管理相兼容的途径和方法。

本书紧密契合当前事故预防与风险控制领域的关注热点，基于行为安全的理论与方法，深入分析煤矿事故在行为方面的致因机理，科学评估安全管理行为的作用程度，探究切断煤矿事故链条的行为干预方法，为实现煤矿安全管理创新奠定理论基础。

本书的研究内容得到了国家自然科学基金青年基金项目《煤矿安全管理组织行为作用机理及量化方法研究》（51204188）的资助。

目录

第四章　煤矿安全管理行为评估方法

第五章　煤矿安全管理行为干预措施

第六章　结论和展望

第一章
绪 论

1.1
研 究 背 景

1.1.1 煤矿安全生产形势严峻

我国正处于经济的高速发展时期，各行业普遍存在重生产、轻安全的问题，不时发生的安全生产事故不断提醒着各行业安全问题的重要性。煤矿和建筑行业是目前最危险的行业，事故发生率及危害程度居全国各行业之首。经过 50 多年的建设，虽然煤矿行业的安全状况已经有较大的改善，但井下伤亡事故仍然非常严重。

2005 年我国煤矿发生事故 3 341 起，平均每天 9.2 起；死亡 5 986 人，平均每天死亡 16.4 人，百万吨死亡率为 2.81[1]。2006 年全国煤矿共发生事故 2 945 起、死亡 4 746 人，同比分别减少 361 起、1 192 人，下降 10.9% 和 20.1%；百万吨死亡率为 2.04，下降 27.4%[2]。

自 2006 年以来，我国煤矿安全生产形势有所好转，死亡人数逐年下降明显，2000—2013 年我国煤矿安全状况走势如图 1.1 所示。2013 年，全国煤矿共发生 604 起死亡事故，共造成 1 067 人死亡，同比减少 175 起，死亡人数减少 317 人，分别下降 22.5% 和 22.9%。发生较大事故 46 起，死亡 224 人，同比减少 25 起、少死亡 127 人，分别下降 35.2% 和 36.2%。发生重大事故 13 起、死亡 209 人，同比减少 2 起、少死亡 16 人，分别下降 13.3% 和 7.1%。发生特别重大事故 1 起、死亡 36 人，同比事故起数持平、少死亡 12 人，死亡人数下降 25%。2013 年全国煤矿百万吨死亡率为 0.288，同比下降 23.0%[3]。

但不可忽视的是，一些煤矿安全基础仍然薄弱，安全责任不落实，非法违法、违规违章生产在一些地区屡禁不止，煤矿伤亡仍没有降到预期的水平，重特大事故还没有得到根本遏制，煤矿安全生产形势依然严峻。而且我国煤矿开采存在诸多不利因素，致使开采深度和灾害程度不断加大。截至 2013 年，我国井工煤矿的煤炭产量占总产量的 88%，远高于美国（30%）、俄罗斯（30%）、南非（60%）等主要产煤国。目前大中型煤矿平均开采深度接近 500 m，深度超过 1 000 m 的有 40 余处，最深开采深度已经达到了 1 530 m。共有 3 284 个高瓦斯和煤与瓦斯突出矿井，142 个冲击地压矿井数量，每年矿井绝对瓦斯涌出量上升幅度远高于煤炭产量的上升幅度。

频发的安全事故造成重大人员伤亡、生产延误和经济损失，特别是给伤亡人员及家庭带来巨大痛苦，对整个社会造成伤害，对煤矿行业的发展和政府信誉构成威胁，因此，安全生产是我国煤矿行业需要解决的重要问题，探索新的思维角度和管理突破口，尽快提高煤矿的安全管理水平和安全绩效就显得格外重要。

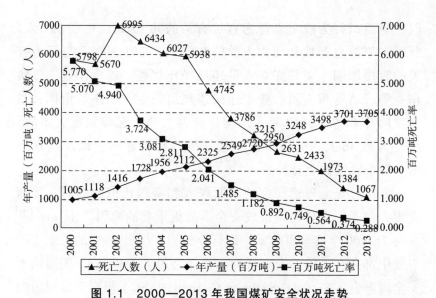

图 1.1 2000—2013 年我国煤矿安全状况走势
Fig.1.1 Safety situation of coal mine in China from 2000 to 2013

1.1.2 行为安全理论是解决煤矿行业安全管理问题的切入点

　　煤矿生产活动与人的行为息息相关，而人的行为不当也与煤矿事故的发生有重大关系。据统计，在煤矿事故中，人因所占比率高达 97.67%，这说明导致我国煤矿事故的重要原因是矿井作业人员的不安全行为[4]。2013 年，全国煤矿共发生 46 起较大事故，死亡 225 人。分析事故直接原因，与组织行为或个人行为直接有关的共 36 起，死亡 181 人，分别占事故总起数和死亡人数的 78.26% 和 80.44%。与行为有关的直接原因主要是作业人员违反操作规程、违章作业、危险作业等或者管理人员、业主违反作业规程、违章指挥、强令冒险作业等。2013 年，全国煤矿共发生 13 起重大事故，死亡 209 人。分析事故直接原因，与组织行为或个人行为直接有关的共 12 起，死亡 191 人，分别占事故总起数和死亡人数的 92.31% 和 91.39%。与行为有关的直接原因主要是作业人员违反操作规程、违章作业、冒险作业等或者管理人员、业主违法违规组织生产、违章指挥、强令冒险作业等。2013 年，全国煤矿共发生 1 起特别重大事故，死亡人数 36 人。分析事故直接原因，与管理不善以及违章指挥、强令冒险作业有关。

随着对安全理论研究的不断深入和实践认识的提高，逐渐发现人的不安全行为是造成安全事故更重要的原因。Heinrich[5]在对 75 000 个安全事故案例进行分析后，指出 88% 的工业生产事故中都存在人的不安全行为；杜邦公司（DuPont）、美国国家安全理事会（National Security Council，NSC）根据事故原因的统计分别提出 96%、90% 的安全事故的直接原因是人的不安全动作[6]；Williamson 和 Feyer[7]发现在澳大利亚 1982 年到 1984年期间发生的所有职业死亡事故中，有 91% 的事故致因中包括行为因素。到目前为止，这些研究结果是普遍被接受的，支持性结论还在进一步增加。由于不安全行为在安全事故致因中的突出作用，以对工人不安全行为进行干预和矫正为核心的行为安全理论（Behavior-Based Safety，BBS）受到学术界和工业界越来越多的关注。在石化、核工业、机械工业等领域的应用也证明了行为安全科学在事故预防方面的有效性，并且能够显著改善安全行为绩效[8, 9]，同时也说明了从行为本体入手寻找改善安全绩效这一研究思路的可行性。

1.1.3　组织行为与个体行为的作用机理尚不清楚

随着对安全事故研究的深入，组织行为在事故致因中的重要作用被逐渐发现。Reason[10]认为事故是由组织错误在事故触

发和纵深防御中的错误同人误耦合作用的结果，基于此他建立
了组织错误理论。大量的安全事故也证实，组织行为是导致事
故的一项更为重要的原因。Wicks[11]对 Westray 矿山爆炸事故的
原因进行分析后发现，组织内存在一种被矿工广泛接受的安全
准则，而组织的这种安全准则决定了矿工的行为。安全事故并
不能仅仅归咎于工人的不安全行为，工人的不安全行为受到组
织因素的影响。来自于绩效的压力对工人的不安全行为的影响
是研究的一个关注点[12]。Hofmann 和 Stetzer[13]进一步指出，绩
效压力是通过角色超载的感知来影响个体行为的，并发现组织
不安全行为会对工人不安全行为产生影响。风险感知是职业安
全领域另一个引起关注的因素。Cree 和 Kelloway[14]发现，通过
安全暴露感知和他人安全态度的感知可以预测个体的风险感知，
组织对不安全行为的态度将会明显影响工人的风险感知进而影
响其行为选择。

这些研究发现，对个体不安全行为的组织层面有影响的原
因主要包括：安全管理体系不健全、安全操作规范和程序不完
善、缺乏必要的安全管理措施、工人对管理层的逆反心理、只
追求绩效而忽视安全、低估不安全行为的危险、工作环境存在
高风险等。另有一些研究发现，对工人行为干预效果受到管理
层支持程度的影响。Zohar[15]和 Luria 通过干预组织中的一些管
理者的行为过程发现这同时起到改善工人行为绩效的效果。

然而，现有研究仅识别了可能影响个体安全行为决策的组织
因素，但没有深入研究组织安全行为对个体安全行为的影响路
径，组织行为对个体安全行为的作用机理尚不明确，使得现有行
为安全理论和方法无法针对不同类别的不安全行为来制定行为干
预方案，也无法准确评价组织行为在个体不安全行为产生过程中
的影响路径和强度，从而制约了行为安全理论更好的应用。

1.2
研 究 目 的

研究目的主要包括以下几点：

（1）综合运用安全科学的理论和方法，结合组织行为学、心理学的理论基础，总结分析影响矿工个体不安全行为形成的因素，并对矿工个体不安全行为形成的原因进行深入分析，揭示矿工个体不安全行为的发生机理。总结分析煤矿组织安全行为要素清单，分析组织安全行为要素内部作用关系。

（2）分析组织安全行为对个体行为的作用路径和强度，揭示组织安全行为对个体行为的作用机理。

（3）通过组织安全行为的要素分析，围绕个体不安全行为的致因机理，构建煤矿安全管理行为评估方案，提出煤矿组织安全行为、个体不安全行为的评估方法。

（4）针对目前煤矿员工不安全行为干预方法综合性较差的问题，全面回顾不安全行为干预的相关方法，实地调查煤矿所实施的不安全行为干预方法，结合相关专家提出的建议，构建煤矿员工不安全行为干预方法的集合。通过对干预方法集合的整合分析，结合煤矿实际情况，对干预方法集合进行优化，深化本研究的基础，为构建煤矿员工不安全行为干预方法系统动力学模型提供基础。

（5）探索煤矿员工不安全行为各干预方法之间的因果关系，仿真分析各干预方法的效果，优化干预方法实施流程。

1.3
研 究 意 义

研究意义主要体现在以下几个方面：

（1）组织安全行为构成要素及内部作用关系的研究有助于明确组织安全行为建设的重点。

（2）组织安全行为对个体行为的作用机理的研究有助于发现事故的深层次原因，便于更好地利用行为安全理论，深入研究组织安全行为对个体行为的影响路径，发现组织安全行为对个体行为的作用机理；有利于针对不同类别的不安全行为来制定行为干预方案，也可以准确评价组织安全行为在个体不安全行为产生过程中的影响路径和强度，使得行为安全理论更好地应用于各行业。

（3）研究煤矿组织安全行为评估方法能够找到评估煤矿安全管理组织行为水平的有效途径，进而有针对性地进行改进和提高。

（4）研究矿工个体不安全行为评估方法，通过评估矿工个体不安全行为水平，进而对其进行有针对性的干预和纠正，提高其安全行为水平。

（5）研究煤矿员工不安全行为干预方法，对煤矿不安全行为控制有较好的针对性，同时为煤矿开展员工不安全行为干预提供全面的实施方法。

（6）构建煤矿员工不安全行为干预方法系统动力学模型，可对煤矿实际情况进行有效拟合，并通过对煤矿员工不安全行为的干预效果进行仿真预测，为指导煤矿开展不安全行为干预提出指导性建议，有利于煤矿有效减少员工的不安全行为。

1.4
研 究 方 法

采用的研究方法主要有：

（1）文献研究法和事故案例统计法。大量检索国内外关于煤矿安全管理组织行为和个体不安全行为的相关文献，通过阅读文献了解组织行为和个体不安全行为的国内外研究现状和研究基础，并统计近十年的煤矿事故，分析矿工不安全行为的发生机理及影响因素。

（2）综合运用各种理论。研究内容涉及安全科学与工程、组织行为学和心理学理论等学科理论，学科交叉性很强，因此需要将各类理论和方法综合运用于课题研究。

（3）理论假设和模型验证。通过理论分析各因素之间的关系，并对提出的模型进行验证、分析，得出结论。

（4）专家评定和问卷编制法。通过文献研究对煤矿安全管理组织行为和个体行为的构成要素进行识别，结合专家访谈评定法和问卷调研法确定组织行为和个体行为的因子结构，编制煤矿安全管理行为的相关问卷。

（5）系统动力学建模和仿真方法。利用系统动力学建模和仿真方法研究煤矿安全管理行为的干预措施，并对干预效果进行分析和验证。

1.5
研 究 内 容

研究内容主要包括以下几个方面：

（1）组织安全行为研究

研究内容包括：对事故原因进行深度分析，结合安全规定与实践经验，识别出组织安全行为的要素清单；分析事故形成过程中组织安全行为因素的作用路径和作用规律，解析组织安全行为的内部关系。

（2）个体行为研究

研究内容包括：从心理学和组织行为学的角度，结合人的行为认知的过程、方式、分析方法，阐述人的不安全行为产生的深层次原因，揭示个体行为认知的心理过程及变量，提出不安全行为的心理动机；分析外部环境作用下个体不安全行为的决策过程，揭示行为心理变量的影响规律和相互作用关系。

（3）作用机理研究

根据现代事故致因理论分析，提取组织安全行为和个体行为的范围、分类和相互作用关系，获得组织安全行为的构成因子对个体安全行为的作用路径和强度，形成组织安全行为对个体安全行为之间的作用机理。在这里需要说明的是，本研究对安全管理行为的定义包含组织安全行为和个体行为，所以，组织安全行为对个体行为作用机理以及组织安全行为内部作用关系指的就是安全管理行为作用机理。

（4）煤矿安全管理行为评估方法研究

建立煤矿组织安全行为评估指标体系，并计算体系中各指标的权重，确定评估细则，建立煤矿组织安全行为水平评估方法；编制矿工个体不安全行为评估量表，分析量表的因子结构，验证量表的内容效度和结构效度，最终确定矿工个体不安全行为评估的正式量表。

（5）煤矿安全管理行为干预措施研究

针对目前煤矿员工不安全行为干预方法综合性较差的问题，全面回顾不安全行为干预的相关方法，实地调查煤矿所实施的不安全行为干预方法，结合相关专家提出的建议，构建煤矿员工不安全行为干预方法的集合。通过对干预方法集合进行整合分析，结合煤矿实际情况，对干预方法集合进行优化。分析各干预方法之间的关系结构和因果联系，结合系统动力学理论和方法，构建煤矿员工不安全行为干预方法系统动力学流程图，进而形成包含各干预方法的系统动力学模型。通过对特定煤矿干预方法实施情况的测量，形成针对该煤矿的系统动力学数学模型，并对其进行相关模拟和仿真分析，预测不安全行为水平的走势，比较各干预方法的实施效果，最终优化不安全行为干预方法的实施流程。

第二章
煤矿安全管理行为研究进展

2.1
安全管理行为机理研究

2.1.1 人的行为与组织行为的研究现状

人的因素是引起事故诸多因素中的一项关键性的因素。Heinrich 的事故致因理论[16]将人的因素视为一种工业社会现象，研究其规律，至今对事故预防还起着重要的指导作用。Bird 结合管理学理论对 Heinrich 的事故致因理论进一步拓展，并指出由于管理过程中缺乏控制造成的人的不安全行为是导致大多数事故的原因[17]。Lingard[18] 和 Steve Rowlinson[19] 基于行为因素理论提出了一些进行行为安全管理的理论和方法，包括安全目标的设定、安全业绩的评价和进行业绩反馈等。Lingard[20] 和 Adams[21] 认为管理人员的错误是造成劳动条件有危害或者工人行为失误的原因，而存在缺陷的企业组织结构是造成这些失误的根本原因。Krause[22] 在对行为安全学的发展历史和趋势进行分析以后，认为行为安全学是"应用行为分析方法以获得安全业绩不断提高的安全管理科学"。

1990 年以前，Jimmie Hinze[23] 和 Raymond E. Levitt[24] 主要研究了事故所造成的经济损失以及影响安全业绩的局部的管理措施和管理手段。事故是由于安全管理不善造成的，通过改善安全管理，就一定能够实现零事故的安全目标。

近年来，安全行为学研究在国内发展迅速，在国内的各行各业均有涉及，其中煤矿行业是研究和应用最多的领域。

部分学者对不安全行为的类型进行了划分，将其划分为故意行为、随意行为和无意行为 [25]，或者有意选择行为和无意选择行为 [15]。一些学者对影响煤矿不安全行为的因素进行了研究。根据划分方式的不同，可将影响煤矿不安全行为的因素分为内因和外因 [26-28]，或者个人因素和环境因素 [29]。虽然划分方式不同，但各自所包含的影响因子相似，内因或者个人因素主要包括身体素质 [27, 29]、兴趣 [29]、性格 [26, 29]、态度 [28, 29]、心理 [27, 28]、知识 [27]、情绪 [28] 等方面。外因或客观因素包括环境因素 [27, 28]、管理因素 [26-28]、物的因素 [28]、教育培训因素 [26, 27] 等，其中环境因素又可划分为客观环境和组织环境 [29]，或者作业环境、家庭环境和社会环境 [30] 等。为便于研究煤矿员工的行为特征，部分文献又将煤矿员工性格划分为安全型和不安全型或非安全型 [26, 29]。文献 [31] 对这些因素进行了进一步的分析，指出煤矿井下作业人员个体因素对不安全行为影响的程度由大到小依次为工人的知识状态、工人的心理状态、工人的工作压力、工人的身体状态。

部分研究从组织行为和个人行为的角度出发，对不安全行为进行了研究。文献 [32] 在行为科学的基础上提出了组织安全管理方案模型，对组织安全行为进行诊断与纠正。文献 [33] 将煤矿企业员工分为管理者、班组长和一线员工，并由此确定了对行为安全有关键影响的因子群。文献[34]从员工、企业、政府三维视角出发，分析了员工行为、企业行为和政府行为引发的煤矿事故。文献[35]从个体、群体、组织三方面展开论述，指出了个体、群体及组织因素在煤矿人因瓦斯事故中的地位及相互关系。

许多学者对表征组织行为特征的安全文化定量测量开展了大量的研究。对于组织行为定量测量通常是指采用定量技术和手段来分析组织的安全文化，主要用于构建安全文化的理论模型和实证模型，基于管理的规范研究是定量分析研究方法的主流。Pfaff H.[36]将安全文化视为一种多维现象，通过对安全文化进行定义并对安全文化的作用进行演示，提出安全行为模式并演示行为如何受安全文化的影响，进而产生安全行为。De Wet C.[37]设计开发了一种测量基层医疗团队安全文化的仪器（量表），以更好地为苏格兰国民保健服务。Hoffmann B.[38]使用三层模型来演示安全文化可以被直接或间接测量到何种程度。研究发现，大多数安全文化定量测评方法和手段都是先提取安全文化共同维度[39]，再通过标定分值的调查问卷，对目标企业的安全文化进行测评，即为安全文化问卷定量测量法。

2.1.2　作用机理的研究

国外将行为安全理论应用于煤矿安全管理的研究，但针对其理论基础的研究仍显不足，影响了其更好更广的应用。自1980年以来，行为安全被大量应用在提高工作场所安全绩效的实践中，在英国、美国、澳大利亚等国家的石化行业、轻工业、交通运输业等行业都取得了较好的效果[40]。借助元分析的方法，Stajkovic 和 Luthans[9]对1975年至1995年期间发表的所有可获得的研究报告进行了回顾。结果显示：通过实施行为安全干预措施，安全绩效平均提高了17%，证明了行为安全理论在行为矫正方面的有效性。但是，现有行为安全理论研究多从应用角度出发，对比不同流程的干预效果，而对于不安全行为的形成过程和影响个体不安全行为动机的研究还很不系统和深入，这使得行为干预的手段非常有限且缺乏理论指导。目前，绝大多数的行为安全干预均采用物质奖励、目标设定和绩效反馈、管理层干预这三种手段[15, 41]。由于干预手段的设计没有从不安全行为的动机出发，导致当干预手段撤出后，安全行为绩效就会反弹[26]。尽管有大量相关研究表明简单的行为观测和绩效反馈无法使安全事故持续降低[27]，仅证明组织因素有助于实现在组织内部传递管理期望并使干预效果长期有效[28]。这反映了由于对行为安全理论基础的研究严重不足，对现有行为安全科学在煤矿行业和组织特征下的作用规律认识不足，导致目前行为安全理论不适应煤炭开采的动态环境，干预效果可持续性差，成为制约行为科学在煤矿安全管理应用的主要原因之一。

近年来，国内学者对煤矿安全行为学的研究主要集中在煤矿矿工不安全行为的影响因素研究，对矿工个体不安全行为的形成机理研究也主要集中在矿工的心理动机、班组长或工友的影响、环境等因素方面，没有系统地开展对导致煤矿事故发生根本原因的组织行为作用机理研究。

余若杰[33]依据"外因—内因—有意行为—无意行为"理论，构建了煤矿人员不安全行为发生机理框架模型，其将内因归为生理和心理两个方面，而将外因归为安全投入程度、安全管理程度和安全环境因素三个方面；李磊[34]从内因和外因两个层面构建了矿工不安全行为形成机理模型；薛月明[35]

在对矿工行为分析的基础上，从内外两个方面分析了影响矿工不安全行为选择的影响因素及作用过程，建立了矿工不安全行为发生机理模型。上述文献虽然在研究煤矿人员不安全行为发生机理的过程中，在外因层面分析上或多或少涉及了组织层面因素，但并没有明确指出组织行为在矿工个体不安全行为形成过程中的重要作用，没有深入研究组织行为对个体不安全行为的影响路径，即没有明确组织行为对个体不安全行为的作用机理。

2.2
安全管理行为量化方法

2.2.1 不安全行为测量研究

对于人的不安全行为，在许多文献中都提出了人的不安全行为发生的机理、其行为模型、相关的激励理论以及应对的方法策略等。但是，对于人的不安全行为的测量，从方法到指标乃至判断标准，到目前为止仍没有很完善的体系，甚至相关的研究都很少，目前主要集中在心理学研究上[42]。在心理学方面，对于行为测量的研究主要是涉及儿童、在校学生、成人的行为测量，在测量方法上主要采用的是心理调查问卷或调查量表的方式。

近代的心理测量始于 19 世纪，最早被用来对心理缺陷者进行诊断，并确定护理的标准[43]。早期的推动者是法国医生伊斯奎洛尔（Esquirol）和舍加英（Sequin）。早在20世纪20年代西方测量理论发展的早期，我国老一代的心理学家陆志韦、萧孝嵘、林传鼎等就已经开始向西方测量理论学习，引进、改编和编制了一批较科学的心理测量方法。但是，在工程实际中，这种心理测量方法还没有得到广泛的应用，因此，对于煤矿人员的行为测量还有许多可为之处。

国内外的学者对不安全行为的测量研究还主要涉及人因可靠性模型、概率统计等方面，如B.S.迪隆[44]（加拿大）等人于20世纪80年代就开始对人的可靠性进行研究，并提出了人的可靠性计算公式。在国内，陈静、曹庆贵等人（2007）[45]以煤矿综放工作面为例，运用ATHEANA方法，对人因失误参数进行了分析和计算，提出煤矿安全生产中人因失误的预测与评价方法体系，并研制了配套应用程序。张江石、傅贵等（2009）[46, 47]为了揭示变量与安全认识之间的关系，抽样调查了某煤矿对38个安全相关问题的认识，使用安全认识测量量表（SCSS），并将结果从个体的事故经历、年龄、工龄、文化程度和职务5个方面的变量因素进行分析。

2.2.2　测量量表的研究

随着对不安全行为研究的日益成熟，越来越多的学者开始采用量化方式对不安全行为进行定量分析。在不能把行为当作现象的表示来解释的情况下，采用精心编制、严格校验的量表进行测量是被研究者广泛采用的方法。

Flin、Mearns[39]等人对18个关于安全氛围的测量量表进行统计分析后发现，测量安全氛围的典型维度包括安全管理、安全系统和风险，另外还有与工作压力和能力相关的主题。Dong-

Chul Seo[48]应用李克特量表，选取安全氛围、工作压力、风险感知、危险性水平为维度，以美国粮食产业的工人为调查样本，进行不安全行为的影响因素测量。结果表明，安全氛围是不安全行为最好的预测者，通过三种方式直接或间接地影响不安全行为。Verschuur W L、Hurts K.[49]应用李克特量表对驾驶的不安全行为进行测量，选取个体对安全的态度、生理和心理前兆为维度，并建立结构方程模型进行分析。Gerard J. Fogarty、Andrew Shaw[50]在计划行为理论的基础上，编制航空维修中人不安全行为量表，运用 AMOS 软件进行建模和分析，得出管理认知、安全意识、群体规模、工作压力对人不安全行为有影响的结论。Tunnicliff、Deborah J.[51]等根据 7 级李克特量表对摩托车驾驶者的不安全行为进行测量，利用 SPSS 软件进行回归分析，得出不安全行为受社会和个体影响的结论。

国内的很多学者针对不安全行为评估也做了大量的研究，主要集中于用量表的形式对人的不安全行为进行测量，而针对组织行为的评估则研究较少。

朱国锋等[52]以责任感、警觉性、法制观念、合作性和冲动为维度，采用自编的海员安全意识量表（SSCS）对 367 名海员的安全意识进行了问卷调查，调查结果表明绝大多数海员的安全意识较强。曹坚、辛晓亚、黄永铭[53]提出主体认知、团队氛围、工作态度、学习与激励、责任与危险想象和经历体验 6 个与安全意识相关的因素，编制电力技工安全意识量表。蒙君亮[54]以安全意识、心理承受能力、日常行为、工作环境、领导威信、党员作用等指标为维度，编制了铁路职工安全心理问卷，对调查对象的答案进行了简单的描述性统计分析。文兴忠[55]采用李克特量表，以安全认知、安全情感、安全意志为维度，编制了民航飞行员职业安全意识调查问卷，通过预测、正式测试进行项目筛选，检验问卷的信度和效度，得出自编问卷具有良好的信度和效度，可试用于民航飞行员职业安全意识的测量。程卫民、周刚[56]等采用测量量表对人不安全行为进行了心理测量与分析，提出人不安全行为心理测量量表的编制原则，并分别以安全生理、安全心理、安全管理、工程心理、不同文化习俗差异、生活重大事件等测试量表作为人不安全行为心理测量的初步施测量表。李乃文[57]以麻痹心理、临时心理、逆反心理、安全无奈感为维度编制矿工不安全心理问卷，并对 2 033 名矿工进行施测，分析结果表明该问卷具有心理测量学认可的信度和效度，可以作为我国矿工不安全心理的测量工具。刘超[58]从内因和外因两个角度研究不安全行为的影响因素，构建"不安全行为影响内因量表"和"不安全行为影响外因量表"，并通过实证研究，使用结构方程模型得出了各因素与不安全行为的相关系数，进而提出了相应的控制对策。

目前，采用量表的形式对人的不安全行为进行评估已经广泛应用于各个行业当中，但多数集中于针对人的安全意识和安全心理进行测评，或者对影响人的不安全行为的因素进行调查，涉及的角度较单一，往往不能全面且直接地得到人的不安全行为水平。而针对煤矿行业中矿工个体不安全行为的评估量表更是匮乏，大部分通过借用公认的量表或其他领域的经验来编制相应的测评量表，因此其适用性、系统性和有效性均有待进一步提高。同时，量表的应用局限于对不安全行为内在影响因素的测量，对外在因素（如组织、环境因素）的测量极少。

2.3
安全管理行为干预措施

2.3.1　行为安全理论和方法研究

行为安全（Behavior-Based Safety，BBS）对个体行为进行研究分析，通过对不安全行为进行干预甚至消除，强化安全行为，进而预防事故发生，改善企业安全绩效。早期研究将事故发生视作某些人的性格所致，如 Greenwood、Woods（1919）对兵工厂伤亡事故统计，发现某些工人更易造成事故[59]。Newbold（1926）通过进一步对工厂的伤亡事故进行分析，补充完善了事故倾向理论[60]。Heinrich（1934）提出事故致因理论，指出事故不是孤立产生的，是一系列互为因果关系的事件连锁发生造成的。此外，Heinrich 统计调查了 75 000 个安全事故案例，通过研究分析发现 88% 的事故与人的不安全行为有直接联系，其相关研究被称作 Heinrich 事故致因理论[16]。

BBS 研究最早以 Skinner 的行为主义和操作条件反射机制为理论基础[61]。其后，Geller 应用行为安全分析研究及实践结合 Skinner 的相关理论，对个体的生活、团体以及相关人员制定相应的干预措施[62]。BBS 研究自概念提出以来，绝大多数以 Heinrich 事故致因理论为出发点，分析工人的行为并进行干预[63]。BBS 研究的基础源自行为科学理论，主要通过研究影响人的安全行为和行为方式的因素，继而采取相应的干预措施，减少甚至消除人的不安全行为，达到避免事故发生的目的[64]。Komaki 等人（1978）通过对工人行为进行分析，并对其行为采取安全干预措施，进而很大程度上改善了工人的安全状况[27]。Laitinen（1999）采用安全行为监督的方法，对 305 栋大楼的施工现场的工人工作习惯、秩序等因素进行观察，发现被观察的安全指标与事故发生率之间有较强的联系，并将其作为建筑现场管理的一种反馈方式[65]。然而，英国健康安全局（2002）通过调查研究发现，行为安全干预的可持续性已经发生了变化，以往成功的干预措施在健康和安全性能方面的改善已经失去了动力[66]。Hickman（2003）对 15 名矿工进行自我安全管理培训和教育监督，通过对其 10 905 项安全行为进行观察，结果表明，与传统产业工人相比，工作相对独立或者有一定监督的工人更会关注自己的行为安全[67]。

我国在 BBS 方面的研究起步较晚，但是随着我国经济建设的飞速发展，国内专家学者逐步对 BBS 开展相关探索，BBS 因其对事故的预防作用受到越来越多的关注，应用也越来越广泛[68]。刘荣辉等人（1993）通过对事故致因理论的研究，对鞍钢近40 年发生的事故进行统计分析，发现死亡事故多数与人的不安全行为有关[69]。谢贤平、赵梓成（1993）以安全系统工程为视角，分析了心理学方法对安全态度和不安全行为的强化方法。潘奋（1999）提出对人的安全行为从心理方面和社会方面进行激励，以达到促进安全生产的目的[70, 71]。周全、方东平等人（2008）通过构建行为安全贝叶斯网络模型，研究了安全氛围和安全行为之间的作用关系，表明安全氛围和个体安全因素的提升有助于提升个体的安全行为[72]。田水承等人（2014）应用系统动力学理论研究矿工的不安全行为，构建了不安全行为系统 SD 数学模型，为 BBS 应用提供了新的思路[73]。栗继祖

（2014）运用 ABC 方法分析了煤矿员工不安全行为，表明经过行为干预煤矿安全绩效明显提升[74]。傅贵等人（2014）在分析 Heinrich、Bird、Stewart 等事故致因理论基础上，以 Reason 观点为参考，提出了包括导致事故发生的内外部因素的现代事故致因理论——行为安全"2-4"模型[75]。

2.3.2　行为安全干预及效果

鉴于人的不安全行为是导致事故发生的重要因素，行为安全干预逐渐成为不断改善安全管理效果的重要工具之一。经过几十年的发展，在世界范围内行为安全干预在很多方面有着普遍的应用。

早期行为安全干预应用主要是通过对管理人员进行培训，再由管理人员纠正、督促工人实施 BBS，即采取自上而下的行为安全干预方案[76]。但是如果管理人员消除干预，行为安全干预的效果难以持续保持。20 世纪 80 年代，随着越来越多的公司接受和应用 BBS 方法，行为干预实施逐渐由"管理层推动"转向到"员工驱动"。这一时期行为安全干预的实施以工人为主导，虽然有利于一线员工的积极支持和参与，便于形成良好的安全氛围，但是间接排除了管理层的支持，增大了工人的压力[77]。20 世纪 90 年代，安全文化概念与行为安全理论相互影响，行为安全干预应用逐渐发展到全员参与阶段，工人和管理层的行为识别、观察纠正都得到了重视，管理层和工人发展成为伙伴关系。该阶段各参与者都会受到定期反馈，促进各类问题的持续改进。

不安全行为干预的实施方法有很多，如美国杜邦公司的 STOP 工具、英国 BP 石油公司的 ASA 方法、美国道氏化学公司的 BBP 活动、德国巴斯夫公司的 AHA 工具、德国拜耳公司的 BO 工具、丰田汽车的 STOP6 活动等。尽管不同时期、不同研究人员在 BBS 的研究方法和实施流程方面存在一定差异，但是通过对大部分行为安全干预的研究和实践方法进行分析，其实施流程相对固定，见表 2.1。

表 2.1　　　　　　　　　行为安全干预实施方案

Table 2.1　Behavioral safety intervention implementation plan

编号	参考文献	实施方案
1	Luthans 和 Kreitner（1985）[78]	（1）识别目标行为 （2）测量行为发生的基准频率 （3）找出行为的前因和后果 （4）实施干预 （5）后评价
2	Dejoy（2005）[79] 和 Krause（1999）[22]	（1）确定造成伤亡和损失的关键安全行为 （2）观察某个时期的关键行为 （3）干预不安全行为，提高期望行为 （4）反馈绩效结果并持续改进
3	张江石（2006）[80]	（1）确定行为安全目标 （2）确定关键行为 （3）观察员工行为 （4）采用 ABC 方法分析不安全行为 （5）改变后果以加强期望行为 （6）对行为效果进行评估
4	Cooper（2009）[81]	（1）识别不安全行为 （2）构建合适的观察量表 （3）对相关人员进行培训 （4）通过观察评价工作中的安全行为 （5）干预结果应积极反馈
5	Heng Li（2015）[82]	（1）基准观察：确定关键行为，设定干预目标 （2）安全训练：提升安全意识，改正不安全行为 （3）跟踪期观察：检验安全效果 （4）反馈和强化：对工人进行奖励和再培训

　　由于行为安全干预方法对干预不安全行为的突出作用，行为安全干预被用作企业安全管理的重要工具之一广泛应用于建筑、石化、交通、煤矿等行业中，并取得了较好的效果。Cope等人（1986）采取正向物质奖励的方法实施BBS管理，经过第一次干预，制药厂安全带使用率提高9%[83]。Stajkovic和Luthans用元分析的方法统计分析了1975年至1995年BBS的研究结果，表明应用BBS的组织或公司的工作绩效提高了17%[9]。Krause（1999）通过对73家应用BBS企业的事故前和事故后指标进行对比，得出结论，采取BBS程序的员工失误水平由第一年的下降到基准的26%到第五年下降到基准的69%[22]。Hickman和Geller（2003）对美国煤矿行业采取自我管理的BBS方法，对员工进行引导和反馈激励，员工的安全行为提升超过35%[67]。Hermann等人（2010）将BBS应用与传统的安全管理融合，并设置对照组，使重大事故率下降93%[84]。Choudhry（2014）针对建筑业制定BBS方案，采用行为观察的方法，设定行为目标，并让观察者参与到员工行为中。经观察，员工安全绩效由第三周的86%提升到第九周的92.9%[85]。

　　国内应用行为安全干预的时间较短，但是发展较快，在各行业行为安全干预的应用也取得了较好的效果。王长健、傅贵等人（2007）将行为安全干预方法运用到石油钻井行业，采取对钻井人员实施前提控制和差别强化措施，干预期内的"三违"比例由15.57%下降到2.87%[86]。范广进（2008）通过强化铁路管理安全行为，减弱不安全行为，降低了事故发生率，同时提升了铁路安全文化，提高了铁路的安全性[87]。张江石、傅贵等人（2009）将行为安全干预方法应用于煤矿，构建了适于煤矿行业的行为安全干预方案，将员工"违章"比例降低84.3%，行为安全指数提高25%，说明行为安全管理与安全绩效有较强

的关联性 [47]。吴浩捷、方东平（2013）通过构建安全文化互动模型，通过在建筑行业中应用观察统计，员工行为安全得分由基础期的 64.12% 和 63.96% 提升到 86.25% 和 92.55%[88]。栗继祖（2014）等人采用 ABC 分析法研究了煤矿员工的作业行为，其应用使得员工工伤率下降 20% 以上，经过行为安全干预管理对员工的行为控制改进程度提高 10% 以上，显著提升了安全管理绩效 [74]。此外，行为安全干预在机械加工、交通运输等行业也取得了较好的预防事故效果 [89，90]。

第三章
煤矿安全管理行为作用机理

本研究对安全管理行为的定义包含组织安全行为和个体行为，所以，组织安全行为对个体行为作用机理以及组织安全行为内部作用关系指的就是安全管理行为作用机理。本章将分别介绍组织安全行为和个体行为，之后对安全管理行为作用机理进行研究。

3.1
组织安全行为

3.1.1　组织安全行为的定义

本研究所指的组织行为并非广义上的组织行为，而是宏观范畴或者宏观层次的组织行为，更接近傅贵教授提出的组织行为的概念，即组织整体的安全文化、安全管理体系的完善程度或者其运行情况，不是某个员工（可以是任何级别）个人的行为。而且本研究的组织行为仅限于企业（包括煤矿）安全管理的范畴，将其定义为组织安全行为。后面章节中提到的组织行为或组织行为对个体行为的作用机理均指该层面的组织安全行为概念。

3.1.2　组织安全行为的要素

明确了组织安全行为的概念和范畴，就能根据组织安全行为的内涵找出衡量组织安全行为的要素。在安全管理体系建设完善的情况下，遵守法律法规，确保对机构与人员的管理，注重组织安全文化建设，采取教育培训和监督检查的方式，落实资金投入，并通过应急救援管理与安全事故管理强化风险管控。

因此，本研究从落实安全管理主体责任和事故风险防控的角度，提出以下八个衡量组织安全行为的要素，即安全文化建设、安全法规遵守、安全责任落实、安全教育培训、安全监督检查、安全资金投入、应急救援管理、安全事故管理。

需要说明的是，组织安全行为八个要素的确定需要围绕企业安全生产主体责任进行分析，通过收集国家有关的政策、文件、法律法规等，经过理论分析和专家论证，进一步确立这些指标的独立性，以确保八个要素在一个层级且所涵盖的内容没有重合。此外还应进行相关的实证分析[91]，在此不再做进一步的论证。

（1）安全文化建设

安全文化是安全理念的集合[92]。安全理念作为组织整体安全工作的指导思想，是组织成员所共同拥有的，并由组织成员个人表现出来。如果组织成员深刻理解和树立安全理念，就会加强对安全的重视，从而促进安全管理体系的完善，增强员工的安全意识，提高行为、物态的安全水平，最终提升安全业绩。所以，安全文化的水平对预防事故的发生非常重要。

因此，做好安全文化的建设工作是组织安全行为的重要内容。在安全文化建设过程中，企业应结合自身内部和外部的文化特征，注意引导全体员工的安全态度、培养员工的安全行为，提高全体员工的安全素养，通过全员参与来促进企业安全生产水平的提高。

（2）安全法规遵守

安全法规是保障生产作业安全的法律依据，遵守安全法规是企业最基本的要求。安全法规为保护劳动者的安全健康提供了法律保障，同时也为劳动者和管理者提出了生产作业安全操作规范要求。要避免人的不安全行为的产生，预防事故的发生，就必须严格遵守安全法规，并依照安全法规的要求进行生产作业。

因此，做好安全法规建设工作也是组织安全行为的一项重要内容。在安全法规建设过程中，企业应准确、全面辨识出适用于本企业的法律法规，并同步传达给相关岗位，使所有管理过程和生产作业过程都符合法律法规的要求。

（3）安全责任落实

安全生产责任制是以我国安全生产方针和安全生产法规为依据所建立的在劳动生产过程中各级领导、工程技术人员、岗位操作人员以及职能部门对安全生产层层负责的制度。安全生产责任制作为企业安全生产管理制度的核心，是最基本的一项安全制度，也是企业岗位责任制的重要组成部分。

因此，落实安全生产责任是组织安全行为中必不可少的内容。要落实安全生产责任，企业应将安全生产责任进行分解，形成纵向到底、横向到边、人人有责的责任体系。只有落实了安全生产责任，才能明确各自的安全生产职责，进而做好自己的安全生产工作，最终提升组织的安全水平。

（4）安全教育培训

安全教育培训是进行安全管理工作的一项重要内容。通过安全教育培训能够提高全员安全素质，这是实现安全生产的基础。通过安全教育培训能够提高煤矿各级生产管理人员和矿工的安全意识，增强他们自觉落实安全生产的责任感，有利于不断提高安全操作技术水平和安全管理水平。

安全教育培训是进行企业安全文化建设的重要环节，也是进行安全法规建设的基本要求。因此，安全教育培训也是安全管理组织行为中的一项关键内容。企业应将安全生产教育和培训工作贯穿于生产经营的全过程，明确安全教育培训对象应包括企业各级人员，培训内容应围绕提高安全意识、丰富安全知识、加强安全技能等方面展开。

（5）安全监督检查

完善的安全生产检查制度是煤矿企业进行安全生产的必然要求，煤矿企业应将安全生产检查制度化、标准化、经常化，监督落实各项安全规章制度的实施，及时发现和查明各种危险源，消除事故隐患。做好安全监督检查工作，可以及时发现人的不安全行为和物的不安全状态，从而消除事故发生的隐患，这对于提高组织整体的安全水平具有重要意义。

安全监督检查可以督促安全法规建设，落实安全生产责任，也是安全管理组织行为的必然要求。安全监督检查是安全管理体系在行为层面进行落实的保障，也是组织安全行为的体现。因此，企业安全主管部门应对安全生产检查工作进行统筹策划并组织实施，结合生产实际情况，安排人员进行监督检查。

（6）安全资金投入

根据《中华人民共和国安全生产法》的要求，生产经营单位应具备安全生产条件所必需的资金投入。因此，企业应建立完善的安全生产投入保障制度，按照规定提取安全生产费用，保证安全生产费用专款专用，用于改善安全生产条件。此外，企业还应建立安全生产费用台账。

安全资金投入是保障企业进行安全生产的必要前提，可用于安全文化载体建设支出、配备所需的应急救援设备、器材及维护保养和进行应急演练支出，重大危险源、重大事故隐患评估和整改、监控支出，安全生产检查与评价支出，维护、改造和完善安全防护设备、设施支出以及安全生产和职业卫生宣传教育培训支出等。因此，安全资金投入是企业进行安全文化建设、安全教育培训、安全监督检查以及应急救援管理的重要保障和前提，也是组织安全行为的重要体现。

（7）应急救援管理

应急管理涵盖了事故发生前、中、后的各个过程，是为了有效应对可能出现的重大事故或紧急情况、降低可能造成的后果和影响而进行的一系列有计划、有组织的管理。应急管理包括预防、准备、响应和恢复四个阶段，这是一个动态过程。

应急救援管理是针对事故发生前的预防、事故发生中的应急救援与应对以及事故发生后的恢复，目标是"发生事故后，如何降低损失"。与安全监督检查等不同，应急救援管理更侧重于如果重大事故的发生已经无法避免，那么应如何通过预先采取的措施，减轻事故的影响或降低事故后果的严重程度。应急救援管理是组织进行安全管理工作必须重点考虑的内容，包括应急预案的编制、应急预案的培训和演练等，同时也应涵盖安全监督检查的范围，由安全资金投入进行保障。

（8）安全事故管理

在假定事故的发生不可避免的情况下，除应进行应急救援管理之外，还应进行安全事故管理。安全事故管理包括事故发生后向相关负责人及相关部门进行事故报告，让他们进行事故调查以及事故处理等内容。

通过安全事故管理工作，相关人员和部门吸取了事故教训，并有针对性地提出事故预防措施。针对人的不安全行为引发的事故，可以针对人的不安全行为进行分类分析，并开展行为干预，从而改善人的行为习惯，提高安全水平。可见，安全事故管理也是组织安全行为的重要组成部分。

3.1.3　组织安全行为构成要素概念模型

根据上述对组织安全行为要素的分析，提出以下假设，见表3.1。

表 3.1　　　　　组织安全行为构成要素假设列表

Table 3.1　Hypothesis list of the elements of organizational safety behaviors

序号	假设内容
H1	组织安全行为与安全文化建设相关
H2	组织安全行为与安全法规遵守相关
H3	组织安全行为与安全责任落实相关
H4	组织安全行为与安全教育培训相关
H5	组织安全行为与安全监督检查相关
H6	组织安全行为与安全资金投入相关
H7	组织安全行为与应急救援管理相关
H8	组织安全行为与安全事故管理相关
H9	安全资金投入与安全文化建设有关
H10	安全资金投入与安全教育培训有关
H11	安全资金投入与安全监督检查有关
H12	安全资金投入与应急救援管理有关

依据上述假设，形成组织安全行为构成要素概念模型，如图 3.1 所示。

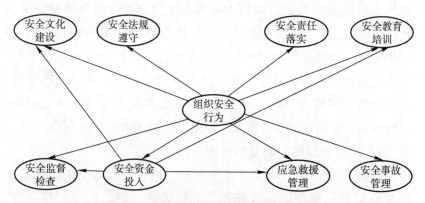

图 3.1 组织安全行为构成要素概念模型
Fig.3.1 Conceptual model of the elements of organizational safety behaviors

3.1.4 实证研究

为了验证提出的组织安全行为构成要素作用关系，并得到作用强度，采用结构方程模型（Structural Equation Model，SEM）方法进行实证研究。

（1）结构方程模型

1）结构方程模型简介

结构方程模型在 20 世纪 80 年代就已经成熟，它作为一种重要的统计方法，融合了传统多变量统计分析中的因素分析和线性模型回归分析的统计技术，广泛应用于当代行为与社会领域量化研究，可以对各种因果模型进行模型辨识、估计与验证。

作为一种验证性的方法，SEM 通常必须有理论或经验方法作为支持和引导，只有这样才能进一步构建假设模型图。总而言之，SEM 将理论的合理性视为一个基本前提。

2）AMOS 简介

矩结构分析（Analysis of Moment Structures，AMOS）应用于结构方程模型的分析，又称为协方差结构分析或因果模型分析，此种分析历程结合了传统的一般线性模型与共同因素分析的技术。AMOS 是一种容易使用的可视化模块软件，在其描绘工具箱中提供了大量的图像钮，从而可以进行 SEM 图形绘制、模型图浏览估计以及模型图修改，也可以通过操作模型的适配与参考修正指标进行评估，进而输出最佳模型。本研究使用 AMOS 17.0 版本。

3）结构方程模型的分析过程

结构方程模型的分析过程分为六个部分，包括模型的设定、模型的识别、模型的估计和拟合、模型的评价、模型的修正和模型的解释。

（2）模型的设定

1）内因潜变量的测量指标

内因潜变量的测量指标见表 3.2。

表 3.2　　　　　　　内因潜变量的测量指标

Table 3.2　The measurement indicators of endogenous latent variables

潜变量	测量指标
安全文化建设	安全文化的认同程度（X1）
	安全文化培训的满意程度（X2）
	安全文化载体的建设情况（X3）
安全法规遵守	获取法律法规清单的难易程度（X4）
	法律法规的熟悉程度（X5）
	遵守法律法规的意愿（X6）

续表

潜变量	测量指标
安全责任落实	安全责任书的签订情况（X7）
	对安全责任的熟悉程度（X8）
	落实安全责任的程度（X9）
安全教育培训	安全教育培训的满意程度（X10）
	安全教育培训的内容（X11）
	安全教育培训的效果（X12）
安全监督检查	安全监督检查的作用（X13）
	安全监督检查的落实程度（X14）
	安全隐患整改情况（X15）
安全资金投入	安全生产活动费用（X16）
	安全设备设施费用（X17）
	安全奖励费用（X18）
应急救援管理	应急救援物资、设备情况（X19）
	应急救援演练情况（X20）
	应急救援处理情况（X21）
安全事故管理	安全事故汇报情况（X22）
	安全事故处理情况（X23）
	安全事故总结学习情况（X24）

2）组织安全行为测量指标

组织安全行为测量指标见表3.3。

表 3.3　　　　　　　　组织安全行为测量指标

Table 3.3　The measurement indicators of organizational
safety behaviors

潜变量	测量指标
组织安全行为	组织安全行为的参与度（X25）
	组织安全行为的成熟度（X26）

根据上述变量的设计，得到组织安全行为影响因素初始模型，如图 3.2 所示。其中，e1~e26 分别为 X1~X26 的残差变量，r1~r8 分别为安全文化建设、安全法规遵守、安全责任落实、安全教育培训、安全监督检查、安全资金投入、应急救援管理、安全事故管理这八个潜变量的残差变量。

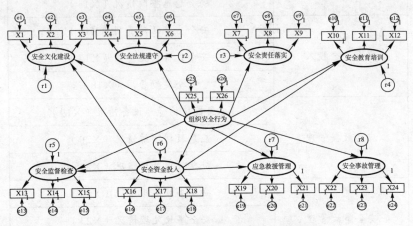

图 3.2　组织安全行为构成要素初始模型

Fig.3.2　Initial model of the elements of organizational safety
behaviors

（3）煤矿组织安全行为构成要素问卷设计

1）问卷的编制

在上文总结出来的组织安全行为构成要素的基础上，针对各个要素的测量指标编制适合调查煤矿组织安全行为构成要素的测量量表。调研问卷的内容包括矿工的基本资料以及针对测量指标设计的问题。问卷采用李克特五级量表编制法，把"完全符合""基本符合""部分符合""基本不符合""完全不符"分别记作5分、4分、3分、2分、1分。调查问卷见附录Ⅰ。

需要说明的是，调查问卷Ⅰ是修正后的结果，最初设计八个潜变量的测量指标时，除了应急救援管理和安全事故管理外，其余六个潜变量只设计了两个测量指标，经过问卷预测后进行了调整，将每个内因潜变量的测量指标均调整为三个。

2）问卷调查样本概况

调查样本采取随机抽样的方法对北京某煤矿的员工进行了问卷调查。问卷共计发放230份，回收223份，回收率为96.96%。其中在回收的问卷中，有效问卷216份，有效率为96.86%。

被调查对象中，本科及以上人员共计22人，占9.57%；普通员工208人，占90.43%；年龄在35岁以下的人数最多，共98人，占42.61%。

3）信度分析

在对调查问卷的结果展开统计分析之前，必须对问卷的信度加以分析。信度是指测量结果具有一致性或稳定性的程度。一致性越高，信度越高。一致性主要考查是否对测验的各个题目进行了相同内容或特质的测量，反映的是内部题目之间的关系。

信度分析主要包括折半信度系数和克朗巴哈系数（Chronbach's α）。由于折半信度系数建立在两半问题条目分数的方差相等这一假设基础上，但实际数据通常不满足这一假设，信度常常被低估。因此，本研究采用克朗巴哈系数，这种方法对量表内部一致性估计更为慎重，是将测量工具中任一条目结果同其他所有条目进行比较。

利用AMOS17.0软件将调查数据代入，计算得到克朗巴哈系数（Chronbach's α）见表3.4。

表3.4　　　　　　　　调查问卷的信度检验

Table 3.4　　Reliability test of the questionnaires

Chronbach's α	基于标准化项的 Chronbach's α	项数
0.816	0.832	26

表3.5　　　　　　　　调查问卷各变量的信度检验

Table 3.5　　Reliability test of each variable in the questionnaires

潜变量	Chronbach's α	基于标准化项的 Chronbach's α	项数
安全文化建设	0.786	0.793	3
安全法规遵守	0.834	0.847	3
安全责任落实	0.845	0.856	3
安全教育培训	0.821	0.833	3
安全监督检查	0.826	0.839	3
安全资金投入	0.819	0.828	3
应急救援管理	0.843	0.866	3
安全事故管理	0.839	0.852	3

由表3.4的计算结果可知，$\alpha=0.816>0.6$，表明该调查问卷具有良好的可靠性。而各潜变量的信度值均符合要求，见表3.5。

4）效度分析

效度分为效标效度、内容效度和结构效度三种，是衡量测量工具能否正确测量出所要测量特质程度的指标。本研究采用结构效度进行分析。

结构效度是指对测量工具反映概念或命题程度的一种度量，它反映了内部结构的程度。如果数据具有较高的结构效度，那么问卷调查结果就可以测量出其理论特征，也就是说调查结果与理论预期一致。

可以采用多种方法对结构效度进行分析，本研究先构建理论模型，然后利用模型的拟合指数对数据的结构效度进行检验，即通过验证性因子分析的模型拟合情况对量表的结构效度进行考评。拟合指数以及拟合效果见表 3.9，模型整体拟合效果尚可，表明结构效度较好。

（4）模型的实证分析

1）结构方程模型的识别

结构方程模型的识别是判定模型中每一个待估计参数是否能由观测数据求出唯一的估计值。模型识别的形态有三种，即正好识别、过度识别和低度识别。过度识别模型是一个可识别的模型，但并不一定是适度佳的模型，经过 AMOS 分析，模型可能被接受也可能被拒绝。而低度识别模型是无法识别的模型。

本研究采取 t 规则识别法进行模型识别。识别规则如式（3.1）：

$$t \leqslant \frac{1}{2}\left(p+q\right)\left(p+q+1\right) \qquad （3.1）$$

上式中，t 是待估计的参数个数；p 是内生可测变量的个数；q 是外生可测变量的个数。

在本研究中，$p=24$，$q=2$，则$\frac{1}{2}(p+q)(p+q+1)=351$；而 $t=44$，小于 210，模型是可识别的。

2）模型估计

要对模型进行评价，首先需要对路径系数或载荷系数进行显著性检验，即需要考查模型结果中估计出的参数是否具有统计意义。AMOS 利用 CR（critical ratio）进行简单便捷的检验。CR 值是一个 Z 统计量，使用参数估计值与其标准差之比构成，同时给出 CR 的统计检验相伴概率 p。方差估计见表 3.6，标准化回归系数见表 3.7。

表 3.6　　　　　　　方差估计
Table 3.6　　　　Estimates of the variance

	Estimate	S.E.	C.R.	P
组织安全行为	0.548	0.118	4.644	0.008
r1	0.930	0.151	6.160	0.040
r2	0.986	0.243	4.057	0.036
r3	1.030	0.164	6.281	0.044
r4	1.154	0.294	3.925	0.120
r5	0.532	0.068	7.823	0.032
r6	0.436	0.084	5.190	0.044
r7	0.641	0.173	3.705	0.074
r8	0.816	0.113	7.221	0.057
e1	0.181	0.045	4.014	***
e2	0.208	0.021	9.893	***
e3	0.253	0.026	9.714	***

续表

	Estimate	S.E.	C.R.	P
e4	0.178	0.019	9.618	***
e5	0.295	0.040	7.414	***
e6	0.253	0.028	9.171	***
e7	0.199	0.076	2.637	0.008
e8	0.244	0.090	2.715	0.007
e9	0.248	0.026	9.432	***
e10	0.278	0.039	7.206	***
e11	0.313	0.065	4.840	***
e12	0.300	0.030	10.028	***
e13	0.256	0.025	10.330	***
e14	0.192	0.020	9.728	***
e15	0.261	0.028	9.419	***
e16	0.271	0.030	9.143	***
e17	0.220	0.022	9.895	***
e18	0.327	0.033	10.016	***
e19	0.361	0.035	10.204	***
e20	0.216	0.068	3.176	0.035
e21	0.324	0.056	5.785	***
e22	0.339	0.048	7.062	***
e23	0.286	0.037	7.780	***
e24	0.258	0.032	8.062	***
e25	0.266	0.058	4.586	***
e26	0.312	0.057	5.473	***

表 3.7　　　　　　　　标准化回归系数

Table 3.7　Standardized regression coefficient

			Estimate
安全资金投入	←	组织安全行为	0.623
安全监督检查	←	安全资金投入	0.355
应急救援管理	←	安全资金投入	0.436
安全教育培训	←	组织安全行为	0.806
安全责任落实	←	组织安全行为	0.763
安全法规遵守	←	组织安全行为	0.724
安全文化建设	←	组织安全行为	0.826
安全监督检查	←	组织安全行为	0.737
安全文化建设	←	安全资金投入	0.325
安全教育培训	←	安全资金投入	0.382
安全事故管理	←	组织安全行为	0.609
应急救援管理	←	组织安全行为	0.732
X1	←	安全文化建设	0.649
X2	←	安全文化建设	0.663
X3	←	安全文化建设	0.589
X4	←	安全法规遵守	0.386
X5	←	安全法规遵守	0.673
X6	←	安全法规遵守	0.735
X7	←	安全责任落实	0.786
X8	←	安全责任落实	0.753

			Estimate
X9	←	安全责任落实	0.782
X10	←	安全教育培训	0.505
X11	←	安全教育培训	0.533
X12	←	安全教育培训	0.732
X13	←	安全监督检查	0.739
X14	←	安全监督检查	0.656
X15	←	安全监督检查	0.832
X16	←	安全资金投入	0.762
X17	←	安全资金投入	0.540
X18	←	安全资金投入	0.528
X19	←	应急救援管理	0.630
X20	←	应急救援管理	0.689
X21	←	应急救援管理	0.622
X22	←	安全事故管理	0.736
X23	←	安全事故管理	0.631
X24	←	安全事故管理	0.833
X25	←	组织安全行为	0.785
X26	←	组织安全行为	0.763

由表 3.6 和表 3.7 可知，待估系数在可接受的范围内，即没有负的误差方差存在；标准化系数没有超过或太接近 1，所以不存在"违犯估计"现象，可以对模型拟合度进行检验。

3）模型评价

对结构方程模型进行整体评价，通常通过计算拟合指数来完成。拟合指数通过构造统计量，衡量样本方差—协方差矩阵 S 与理论模型方差—协方差矩阵 Σ 的差距，如果残差矩阵（Σ—S）各个元素接近于零，那么收集到的数据对于理论模型来说就是合理的。拟合指数的作用是用来考查理论模型与数据的适配程度的。

不同类别的拟合指数可以从模型复杂性、样本大小、相对性与绝对性等方面对理论模型进行评价。AMOS 提供了多种模型拟合指数，评价标准见表 3.8。

表 3.8 拟合指数及评价标准

Table 3.8　　Fit index and evaluation standard

指数名称		评价标准	拟合程度
绝对拟合指数	χ^2/df 卡方	越小越好	$3\leqslant\chi^2/\mathrm{df}\leqslant5$ 表示可接受 $\chi^2/\mathrm{df}<3$ 表示模型高度拟合
	RMSEA 近似误差均方根	小于 0.05，越小越好	$0.05\leqslant\mathrm{RMSEA}\leqslant0.08$ 表示可接受 $\mathrm{RMSEA}<0.05$ 表示模型高度拟合
相对拟合指数	NFI 常规拟合度	大于 0.9，越接近 1 越好	NFI>0.8 表示可接受 NFI>0.9 表示拟合良好
	IFI 增值拟合指数	大于 0.9，越接近 1 越好	IFI>0.8 表示可接受 IFI>0.9 表示拟合良好
	CFI 比较拟合指数	大于 0.9，越接近 1 越好	CFI>0.8 表示可接受 CFI>0.9 表示拟合良好

本研究采用绝对拟合指数和相对拟合指数对模型进行评价，数据见表 3.9。

表 3.9　　　　　　　　　　初始模型拟合指数

Table 3.9　　　　　　　　Fit index of initial model

χ^2/df	RMSEA	NFI	IFI	CFI
3.572	0.065	0.829	0.863	0.855

由表 3.9 可知，初始模型拟合度检验符合参考标准。

通过对组织安全行为构成要素初始模型进行实证分析，得到组织安全行为构成要素，最终模型如图 3.3 所示。

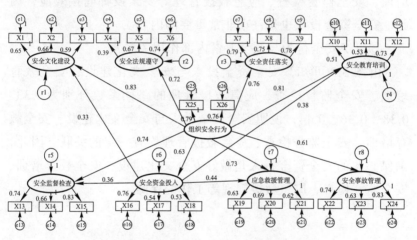

图 3.3　组织安全行为构成要素最终模型

Fig.3.3　Final model of the elements of organizational safety behaviors

4）模型结果分析

通过分析以上模型的数据可知，所提假设成立，并根据结果做出如下解释。

①组织安全行为与八个要素之间的关系

由图 3.3 可知，组织安全行为与八个要素之间的相互关联度由高到低分别为安全文化建设、安全教育培训、安全责任落实、安全监督检查、应急救援管理、安全法规遵守、安全资金投入、安全事故管理，直接效应系数分别为0.83、0.81、0.76、0.74、0.73、0.72、0.63、0.61。

很明显，安全文化建设和安全教育培训是受组织安全行为影响最大的两个因素，也就是说，要做好安全管理工作，提升安全管理水平，进行安全文化建设和安全教育培训工作是最重要的两项内容。需要说明的是，虽然组织安全行为与安全资金投入的路径系数只有0.63，和其他几个要素相比处于较低水平，但组织安全行为通过安全资金投入对安全文化建设、安全教育培训、安全监督检查、应急救援管理等要素发挥间接效应，因此，安全资金投入也是一项非常重要的内容。

②组织安全行为与八个要素内部作用关系

由图3.3可知，安全资金投入与安全文化建设、安全教育培训、安全监督检查、应急救援管理的路径系数分别为0.33、0.38、0.36、0.44，说明安全资金投入与安全文化建设、安全教育培训、安全监督检查、应急救援管理均有一定的关联。因此，确保必要的安全资金投入是做好安全文化建设、安全教育培训、安全监督检查、应急救援管理等工作的保障。

3.2
个体不安全行为

3.2.1　不安全行为的内涵

本研究将不安全行为定义为在生产过程中发生的，可能直接或间接导致事故发生的违反操作规程或安全规定的行为。根据定义，直接或间接导致事故发生的不安全行为都属于研究的范畴，不仅包括矿工违章作业等直接导致事故发生的不安全行为，还包括管理者的违章指挥、强令冒险作业等间接导致事故发生的不安全行为。

3.2.2 不安全行为的分类

本研究从心理学角度，将人的不安全行为分为有意和无意两种，对于不安全行为的研究也将从有意不安全行为和无意不安全行为这两个方面展开。

（1）有意不安全行为

有意不安全行为是指员工在发出不安全动作或做出不安全行为选择前，明知不符合安全操作规程，并已经意识到危险的存在或者可能造成事故后果，但仍然选择继续相关行为。

有意不安全行为实际上是一种冒险行为，动作发出者在做出行为选择前具有两种心理状态：一种是侥幸心理或者赌博心理，认为不安全行为的发出并不一定能够导致事故的发生，或者说不安全行为的发出导致事故发生的概率是非常低的，员工不认为自己做出的不安全行为选择能够恰好导致事故的发生；另一种心理状态是博弈心理，员工在做出不安全行为选择前，衡量了自己做出不安全行为选择有可能造成的事故后果以及所获得的收益，并认为所获得的收益要大于所造成的事故后果。

（2）无意不安全行为

无意不安全行为是指员工在发出不安全动作或做出不安全行为选择前，不知道或者没有意识到自己的行为不符合安全操作规程或者可能造成事故后果而发出的无意识或习惯性动作或者做出的不安全行为选择。

无意不安全行为主要表现在两个方面，即人因失误和习惯性行为。人因失误造成的无意不安全行为主要受以下几方面影响：信息接收有误，有可能是信息源错误或者员工没有感知到、没有辨识出信息源；信息判断有误，有可能是员工受教育培训水平有限或者工作经验不足，造成对包括突发情况在内的一些工作情况判断失误而发出错误动作指令；行为反应有误，有可能是身体心理状态不佳和专业技能水平不足而造成无法完成正确的行为指令。

3.2.3　个体行为产生的心理过程

个体不安全行为的产生与人的心理息息相关，为了更好地研究个体不安全行为的影响因素，有必要探讨个体不安全行为产生的心理过程。

行为是外显的，心理活动是内隐的，探讨矿工复杂的心理活动规律对于了解、预测、调节和控制矿工的行为非常重要。

实际上，可以将生产过程看作复杂的"人—机—环"系统[93]，如果对人这个环节进行研究，那么感觉系统、中枢神经系统和运动系统是人体与安全相关的、和外界直接发生联系的系统。感觉器官是人体对"人—机—环"系统信息进行感知的特殊区域，也是最早可能产生误差的部位。其次，感觉器官感知到的信息由传入神经传到大脑的理解和决策中心，大脑发出决策指令并通过传出神经传到肌肉。最后，身体的运动器官根据决策指令执行各种操作动作。因此，在这个过程中人的生理和心理因素起着非常重要的作用。

根据以上分析，结合梅耶提出的刺激—反应模式以及与心理过程有关的人因事故模型，分析矿工从接受刺激到做出反应的过程，将矿工个体行为产生的心理过程分为三个阶段，即认知、决策和执行，如图 3.4 所示。输入是指外界的刺激或信息，输出是指个体行为，包括安全行为和不安全行为。

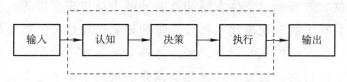

图 3.4　个体行为产生的心理过程
Fig.3.4　The psychological process of generating individual behaviors

3.2.4　不安全行为的影响因素研究

本节根据国内外学者对不安全行为影响因素的分析，并结合前期对不安全行为影响因素的分析结论[94]，进一步总结归纳，将个体不安全行为的影响因素划分为内因和外因两个方面，并对内因和外因进一步展开和分析。

（1）内因分析

本研究将影响个体不安全行为的内因归纳为三个方面，即心理、生理和技能。这三个方面几乎涵盖了所有对个体不安全行为的产生有影响的内部因素。

1）心理

从个体行为产生的心理过程分析可知，心理因素在影响个体不安全行为产生的过程中起着重要作用。人的心理现象包括心理过程和个性心理两方面内容，每一方面都和安全有关系，都可能影响个体行为产生的认知、决策和执行的各个阶段，从而造成行为的偏差，即产生不安全行为。下面将根据前面章节对人的心理过程和个性心理的分析，并结合个体行为产生的心理过程，分析心理因素对个体不安全行为的影响。

①感觉、知觉与煤矿安全生产

感觉和知觉能够使个体获得外界的各种信息，是个体进行认知过程的基础。个体在感知觉的基础上认识现实世界，通过感觉器官了解客观事物。如果感觉和知觉出现偏差，就会影响个体行为产生的认知过程，使个体行为的认知出现偏差，最终造成个体行为的偏差。由感知觉偏差造成的个体不安全行为通常是无意不安全行为。

影响感知的因素主要是矿工个体的身体健康状态，矿工个体不同，感知水平也不同。如果矿工处于不良的身体状态，则会影响感知水平，从而造成行为偏差，这也是不允许矿工带病进行生产作业的一个原因。矿工在长期的煤矿安全生产实践中，根据自己的感觉总结出了一些煤矿事故灾难的征兆，可以通过感觉提前发现。比如当在井下作业的人员嗅到焦油味时，说明煤炭自燃已经发展到一定程度了。这说明了感知对安全工作的重要性。

②记忆与煤矿安全生产

记忆与感觉、知觉一样，都属于人的认知过程，但与二者不同的是，记忆不仅影响个体行为产生的认知过程，还影响决策过程，因为记忆是对过去经历过的事物的认知，是刺激作用后在人脑中留下的痕迹与印象，如果在大脑决策时，记忆出现偏差，同样会造成决策失误。

在生产劳动过程中，经常会出现矿工对操作规程和安全事项遗忘的现象，从而造成矿工不按操作规程操作，进而造成事故灾难的发生。遗忘现象可以分为暂时性遗忘和永久性遗忘。永久性遗忘通常是由于教育和培训不足造成的，即组织安全行为中的安全教育培训工作没有做好，进而通过矿工记忆这一因素造成了不安全行为的产生。而暂时性遗忘大部分是由临时性的干扰因素造成的，比如情绪不稳定造成的异常心理状态，通过矿工记忆因素引发了不安全行为。可见，记忆造成的不安全行为通常也是无意不安全行为。

要解决记忆问题对不安全行为的影响，即克服遗忘现象，应从组织安全行为着手，即通过安全教育培训加强矿工个体的记忆，从而降低对不安全行为的影响。

③思维与煤矿安全生产

思维反映的是事物的本质和事物间规律性的联系，是认识过程的高级阶段。而且思维能够让个体根据客观条件，遵循客观规律，提出问题，寻找答案。因此，思维既是认知的过程，也是决策的重要组成部分，对认知过程和决策过程均有影响。若通过思维没有对外界刺激做出正确认知，就会做出错误决策，从而发出错误的行为执行指令，造成不安全行为状态的输出。当然，上述分析都是针对无意不安全行为而言，如果经过思维判断，个体得出了正确的结论，但由于受到个体不良因素（情绪、态度、性格、气质等）以及外界因素的影响，矿工做出了不遵守安全操作规程的决策，从而产生不安全行为，这就是有意不安全行为。

思维定式是对煤矿安全生产影响较大的一种心理现象。思维定式是反映在思维活动上习惯的趋向性，它会使矿工在观察问题和解决问题时带有一定的倾向性、专注性以及趋向性。思维定式有时有助于解决问题，有时则会影响人们的变通性，尤其是煤矿生产具有很大变动性，采掘工作面时刻处于不断变动的状态，如果仅仅根据思维定式做出决策，极易造成行为失误，从而引发煤矿安全事故。可见，思维定式受矿工个体的经验影响。

而要解决思维定式对安全生产作业的影响，则要通过组织安全行为，即安全文化建设、安全监督检查以及安全教育培训来解决。良好的安全文化以及安全教育宣传会对矿工产生潜移默化的影响，再辅以安全监督检查，就会改变矿工个体的不良思维定式，从而减少不安全行为的产生。

④情绪、情感与煤矿安全生产

不良的情绪和情感状态会影响人的心理状态，从而影响矿工个体的感知与思维判断，进而促使矿工做出错误的行为决策，最终产生不安全行为。可见，情绪和情感状态是通过影响认知和决策阶段对不安全行为产生作用的。需要指出的是，不良的情绪和情感状态不仅会造成无意不安全行为的产生，也同样是有意不安全行为产生的一个重要原因。

例如，当矿工情绪低落时进行生产作业，会表现出心灰意懒、精神不振等，注意力不集中，感知不到外界危险信号，这时就会导致错误操作而引发事故，这是无意不安全行为。当然，如果矿工在情绪低落时进行生产作业，若感知到了外界危险刺激，但由于心情不好，或者有厌世、报复等不良心态产生，矿工则会选择无视危险信号，做出错误行为决策，从而产生不安全行为，这是有意不安全行为。

要解决不良情绪、情感对安全生产的影响，仍然需要组织安全行为发挥作用，即安全文化建设、安全教育培训、安全法规遵守、安全责任落实和安全监督检查。良好的安全文化和安全教育培训可以培养矿工的安全意识，使矿工尽量避免带着不良情绪进行生产作业。而培养出的法规遵守意识和责任意识会在一定程度上抵消不良情绪对安全生产的影响，甚至会打消矿工进行有意不安全行为的选择。而安全监督检查则可以及时发现矿工的不良情绪以及不良情绪对安全生产带来的影响，从而避免不安全行为的产生。

⑤意志与煤矿安全生产

意志总是体现在人的行为活动中，并通过影响行为决策和执行阶段来对人的行为产生影响。坚强的意志是矿工在面对困境时做出正确的行为决策和行为执行动力的保障。需要指出的是，由于意志不够坚定而造成的不安全行为输出往往表现为有意不安全行为。

煤矿井下劳动强度大，工作条件艰苦，每一次井下作业都是对意志的考验。井下作业情况复杂，完全遵守安全操作规程需要面对一系列的困难，而要克服困难做到完全遵守安全操作规程则需要坚强的意志，只有这样才能适应煤矿安全生产的需要。

意志活动不仅与思维活动密切相关，还与人的感情活动、人格特征以及人的理想、信念相关。而要培养矿工坚强的意志，仍然需要组织安全行为的作用和影响，即安全文化建设、安全教育培训、安全法规遵守、安全责任落实、安全监督检查。

⑥性格与煤矿安全生产

人的性格特征是多种多样的，如诚实、善良、勇敢、果断、自负、优柔寡断等。性格的不同会影响个体行为产生的决策阶段，从而对个体行为产生影响。

在面对煤矿突发状况时，不同性格的人会做出不同的行为决策，从而产生不同的行为输出。勇敢果断的人往往会根据实际状况做出最合理的决策判断，而性格自负的矿工往往会高估自己的能力，做出错误的行为决策，从而造成不安全行为。当然，由于性格原因产生的不安全行为通常为无意不安全行为。

人的性格是在长期的社会生活实践过程中逐渐形成的，虽然较难改变，但仍可以通过组织安全行为的作用产生影响，主要表现在安全文化建设、安全教育培训，这两方面都会对矿工的性格产生潜移默化的影响。

⑦气质与煤矿安全生产

在心理学上，气质标志着人在进行心理活动时或在行为方式上表现于速度、强度、灵活性和稳定性等动态性质方面的心理特征，如知觉和记忆的速度、思维的灵活程度等是心理活动速度和灵活性方面的特征，情绪强弱、意志努力程度等是心理活动的强度特征。可见，气质对个体行为形成过程中的认知、决策、执行三个阶段均有影响。

在煤矿安全生产中，针对不同气质的矿工应进行合理的安排。对于胆汁质和多血质类型的矿工，更适于要求迅速、灵活反应的工作。而对于抑郁质和黏液质类型的矿工，更适合要求细致而持久的工作。

同人的性格一样，虽然人的气质较难改变，但仍可以通过组织安全行为进行不同程度的影响，主要表现在安全文化建设、安全教育培训、安全法规遵守、安全责任落实、安全监督检查。例如，对于理解能力强、反应快，但粗心大意的矿工，可以通过安全法规遵守、安全责任落实进行从严要求，明确指出其工作中的缺点，并通过安全监督检查对矿工进行督促。而对于理解能力差、反应慢，但工作细心的矿工，可以通过安全教育培训逐步培养他们迅速解决问题的能力和习惯。此外，安全文化的作用贯穿始终。

⑧能力与煤矿安全生产

能力的表现形式有观察力、记忆力、思维能力、操作能力等，因此，能力会影响个体行为形成的全过程，即认知、决策和执行。

在煤矿安全生产中，能力不仅影响工作效率，还是能否做好安全生产工作的重要制约因素。不同工种或岗位对工作能力的要求不同，如果从事该岗位的矿工不具备从事该项工作的能力，那么很有可能造成感知不到危险、对情况判断失误、操作失误等情况发生，即不安全行为的输出。当然，由于能力不足造成的不安全行为通常都是无意不安全行为。

环境、教育和实践活动等对能力的形成和发展起着决定性的作用，人的能力可以通过培训提高，从而增强矿工应对偶然事件的能力。因此，从安全文化建设、安全教育培训、安全法规遵守和应急救援管理入手可以提高员工安全生产的能力，从而减少不安全行为的输出。在这里之所以提到应急救援管理，是因为通过应急救援演练和培训可以提高矿工应对突发状况的应变和操作能力，从而影响不安全行为的输出。可见，组织安全行为可以通过能力影响不安全行为的输出。

⑨态度和煤矿安全生产

态度是影响个人行为的一项重要心理因素。在安全生产中，人们对安全所持的态度就是安全态度。安全态度对个体的安全行为起着指导和推动作用，它决定着行为个体在生产作业过程中遇到安全问题时应做出何种反应。不同的安全态度决定着个体不同的安全行为和工作方式。因此，态度影响个体行为形成过程中的决策阶段。与性格和能力等不同的是，由于态度原因形成的个体不安全行为通常是有意不安全行为。

安全态度的形成与价值观念有着重要关系，而又与矿工的需要及其满意程度、工作经验、安全知识、技术水平以及群体影响等因素有关。因此，通过安全文化建设、安全教育培训、安全法规遵守、安全责任落实、安全监督检查、应急救援管理以及安全事故管理均可以培养矿工安全态度的形成，即组织安全行为通过影响态度，进而影响个体不安全行为的形成。在这里其他几个要素对安全态度的影响均可以理解，需要说明一下安全事故管理对安全态度形成的影响。通过安全事故管理，对事故进行调查和处理，总结经验教训，使事故责任人和广大员工均受到教育，这对矿工安全态度的形成会起到事半功倍的作用。

综合以上分析，组织安全行为通过感觉、知觉、记忆、思维、情绪、情感、意志、性格、气质、能力、态度等对个体行为形成过程中的认知、决策、执行三个阶段产生作用，进而影响个体不安全行为的输出。需要说明的是，在上述对心理影响因素进行分析时，组织安全行为的七个要素均有涉及，即安全文化建设、安全法规遵守、安全责任落实、安全教育培训、安全监督检查、应急救援管理以及安全事故管理，但却没有提及安全资金投入，但这并不是说安全资金投入对个体心理没有影响或者对个体不安全行为的形成没有作用，恰恰相反，安全文化建设、安全教育培训、安全监督检查以及应急救援管理等都需要安全资金投入的保障，也就是说安全资金投入通过安全文化建设、安全教育培训、安全监督检查以及应急救援管理等这几个方面对个体心理产生作用，进而影响个体不安全行为的输出。因此，组织安全行为的八个要素，即安全文化建设、安全法规遵守、安全责任落实、安全教育培训、安全监督检查、安全资金投入、应急救援管理以及安全事故管理均会影响个体不安全行为的输出。

2）生理

由于不安全行为的发出者是行为个体，所以生理因素对不安全行为的输出会有重大影响。本研究将对不安全行为输出有影响的生理因素分为身体健康水平、身体协调性和疲劳。

①身体健康水平

身体健康水平是指一个人在身体各方面是否处于良好的状

态。一个人的身体各机能正常说明其身体是健康的。若矿工身体处于带病状态，身体各项机能都不能达到正常水准，此时进行生产作业，其感知能力会下降，从而不能很好地感知危险；其思维、记忆等能力也会受影响，从而做出错误的决策；同时，动手操作能力也会受影响，进而不能正常执行行为指令，最终造成不安全行为的输出。可见，身体健康水平会影响个体行为形成的全过程，即认知、决策和执行各个阶段。

②身体协调性

协调性是指身体作用肌群的时机正确、动作方向及速度恰当，平衡稳定且有韵律性。身体协调性对能否正确执行行为动作指令至关重要，若身体协调性差，即使矿工个体对风险的认知正确，经过思维判断做出了正确的决策，即使发出了正确的行为指令，但由于身体协调性差，在行为执行过程中出现了偏差，同样会造成不安全行为的输出。可见，身体协调性主要通过影响个体行为形成的执行阶段来影响不安全行为的输出。

③疲劳

疲劳是一种特殊的生理过程，它是指在生产过程中劳动者由于生理和心理状态的变化，导致某一个或某些器官乃至整个机体力量出现自然衰竭的状态。疲劳是对人体的一种保护性反应，是对机体提出的警告信息，机体在采取对不良刺激环境的规避和减轻工作负荷的手段后就会得到适应性保护。

疲劳会造成人的心理功能下降，表现在反应速度、注意力集中程度、判断力、思维能力下降等，可见，疲劳通过心理作用影响个体行为产生的决策阶段。疲劳还会造成人的生理功能下降，表现在感官疲劳，如听觉迟钝、视力下降、色差辨别能力下降等，这会影响个体行为形成过程的认知阶段；还有肌肉疲劳，如手脚酸软无力、肌肉抽搐等，这会造成人在执行行为操作指令时出现偏差，即疲劳会影响个体行为产生的执行阶段；还有中枢神经系统疲劳或者称为脑力疲劳，它是指人在活动中由于用脑过度，使大脑神经活动处于抑制状态的一种现象，比如头昏脑涨、反应迟钝、思维反应变慢等，这会影响个体对现实状况的判断，造成决策失误，从而引起不安全行为的输出，即疲劳会影响个体行为产生的决策阶段。

可见，疲劳会影响个体行为形成的全过程，即认知、决策和执行三个阶段，进而影响个体不安全行为的输出。

通过以上分析可见，生理因素对个体行为的影响也是通过作用于个体行为形成的过程来发挥作用的，即认知、决策和执行。而且需要指出的是，由于生理因素作用于认知、决策和执行过程而造成的不安全行为的输出通常都是无意不安全行为，由于疲劳等因素的产生会影响个体的情绪，进而可能造成有意不安全行为的输出，因而将其划分到情绪的作用，而非生理因素的作用。

3）技能

本研究将技能因素分为知识和专业操作技能两个方面，这两个方面均会影响个体行为的形成过程。

①知识

传统意义上的知识是指人类在实践中认识客观世界的成果，包括事实、在教育和实践中获得的技能等。本研究所指的知识是指矿工个体所掌握的理论知识，包括从教育经历所获得的知识以及从生产实践中总结出的经验知识。

知识是矿工在进行生产作业时进行认知和决策的基础。不管是从教育经历所获得的知识还是从生产实践中总结出的经验知识，只有具备了一定的知识储备，才能通过感官等认知到风险的存在，进而对感知到的风险进行决策如何规避。尤其是矿工长期工作以来总结出的经验知识，在矿工进行行为决策时会起到决定性作用。

因此，知识通过影响个体行为形成过程中的认知和决策过程，从而影响不安全行为的输出。

②专业操作技能

本研究所说的专业操作技能是指矿工在生产作业时所具备的本岗位所需要的专业操作能力和水平，包含必要的安全设备设施操作能力。之所以将必要的安全设备设施操作能力也归入到专业操作技能的范畴是因为安全与每个人的工作都息息相关，掌握必要的安全设备设施操作能力也是必然要求。此外，之所以没有将专业操作技能归类到知识的范畴，是因为在这里专业操作技能更侧重于动手操作能力，当然，一定的专业理论知识也是必不可少的。

专业操作技能在矿工进行生产作业时会起到非常重要的作用。只有具备了良好的专业操作技能，矿工在面对突发状况或操作困难时才有信心做出正确的行为决策，并发出行为指令，进而利用自己良好的专业操作技能正确、准确地完成操作动作。

可见，专业操作技能影响个体行为形成过程中的决策和执行过程，从而影响不安全行为的输出。

通过以上分析可见，技能因素对个体行为的影响也是通过作用于个体行为形成的过程来发挥作用的，即认知、决策和执行。而且，由于技能因素作用于认知、决策和执行过程而造成的不安全行为的输出通常都是无意不安全行为。

（2）外因分析

本研究将影响个体不安全行为的外因归纳为三个方面，即组织安全行为、组织内部环境、外部客观环境。

1）组织安全行为

组织安全行为对个体不安全行为的影响在前面分析组织安

全行为要素以及本章分析心理因素对个体行为的影响时已经说明，在下一章还会涉及，所以此处不再做过多赘述。

2）组织内部环境

除了组织安全行为以外，影响个体不安全行为形成的外部因素还有压力、领导力、人际关系等，因为这些因素也属于组织的范畴，所以本研究将这些因素归为组织内部环境因素，这些因素通过影响个体心理或多或少都会对个体行为的形成有所影响。

①压力

压力是指由于工作责任过大、工作任务量过重等因素造成的生理或心理反应。适当的压力会提高员工的工作效率，对生产工作有帮助。但如果压力过大，超过了矿工所能承受的限度，则会出现适得其反的效果。

压力会影响个体行为形成的认知、决策和执行过程。压力过大会使矿工产生不良情绪，使其出现焦虑等现象，还会影响记忆等心理因素，从而影响矿工对危险的认知和决策判断。除了对人的心理有影响外，压力还会对人的身体机能造成影响，比如心跳加速、四肢无力等现象，从而造成行为执行出现偏差，进而影响不安全行为的输出。由于压力会使矿工产生不良情绪，所以由于压力造成的不安全行为的输出有可能是无意不安全行为，也有可能是有意不安全行为。

②领导力

领导力是指充分运用自身影响和客观条件使团队中的成员迅速而有效地达到目标。在煤矿生产中，具有领导力的人通常是指班组长、科长、矿长等这些有职务的管理人员。

领导力对矿工个体行为的影响是通过影响决策过程实现的。好的领导力可以影响矿工思考问题的角度或者说对待问题的态度，还会影响到矿工个体的情绪等心理因素，从而影响个体的行为决策。

③人际关系

人是社交性动物，在生产工作过程中与人打交道是必不可少的，包括沟通、工友影响等人际关系对人的行为也有影响作用。比如在煤矿生产过程中，在进行放炮工序时，由于与工友缺乏沟通或无人警戒会造成其他矿工对现场情况误判，从而导致事故发生。工友关系对个体行为的影响最突出的表现就是会造成矿工个体的从众心理，比如某个人的习惯性违章，久而久之会对其他工友产生影响，从而也会产生不安全行为。

可见，人际关系对矿工个体行为的影响是通过影响决策过程实现的。

3）外部客观环境

这里所指的外部客观环境包括自然环境、工作环境等。煤矿井下作业环境恶劣、条件艰苦，这些都会影响矿工的情绪等心理因素，从而影响个体行为形成的决策过程。而且复杂的外部环境，比如高温、噪声等会影响矿工个体的感知觉器官，也会使矿工产生心理和生理疲劳等，这些都会影响矿工个体行为形成的认知、决策和执行过程。

3.2.5　个体不安全行为形成的机理模型

经过上述对不安全行为影响因素的分析可知，外因通过内因对个体行为形成的认知、决策和执行过程产生影响，从而影响个体不安全行为的输出。根据以上分析，并结合个体行为形成的心理过程，本研究提出了个体不安全行为形成的机理模型。如图 3.5 所示。

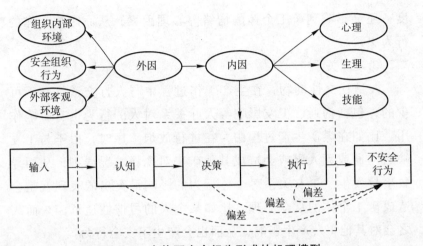

图 3.5　个体不安全行为形成的机理模型

Fig.3.5　Mechanism model of the individual unsafe behaviors' formation

3.3
作 用 机 理

3.3.1　组织安全行为对个体行为的作用分析

在 3.1 节中已经阐述了组织安全行为的构成要素，即安全文化建设、安全法规遵守、安全责任落实、安全教育培训、安全监督检查、安全资金投入、应急救援管理、安全事故管理八个方面，并分析了这八个要素之间的作用关系。

而本部分将重点分析组织安全行为的这八个要素如何对个体行为产生作用。从上一节个体不安全行为形成的机理模型可知，组织安全行为通过内因因素对个体行为形成的认知、决策和执行过程产生影响，最终影响个体不安全行为的产生。具体点说就是组织安全行为通过心理、生理和技能三方面对个体行为产生的认知、决策和执行过程产生作用。

（1）组织安全行为对心理因素的作用

组织安全行为对心理因素的作用在上一节不安全行为的影响因素分析中已经说明，总结归纳见表3.10。

表3.10　　　组织安全行为对心理因素的作用关系

Table 3.10　The relationship between organizational safety behaviors and psychological factors

组织安全行为要素	心理因素
安全文化建设	思维、情绪、情感、意志、性格、气质、能力、态度
安全教育培训	记忆、思维、情绪、情感、意志、性格、气质、能力、态度
安全法规遵守	情绪、情感、意志、气质、能力、态度
安全责任落实	情绪、情感、意志、气质、态度
安全监督检查	思维、情绪、情感、意志、气质、态度
应急救援管理	能力、态度
安全事故管理	态度

基于以上分析，做出如下假设，见表3.11。

表 3.11　　　组织安全行为对心理因素作用关系假设

Table 3.11　Hypothesis of the relationship between organizational safety behaviors and psychological factors

序号	假设内容
H1	感知觉、记忆、思维、情绪、情感、意志、性格、气质、能力、态度与不安全行为的形成有关
H2	安全文化建设与感知觉、思维、情绪、情感、意志、性格、气质、能力、态度有关
H3	安全教育培训与感知觉、记忆、思维、情绪、情感、意志、性格、气质、能力、态度有关
H4	安全法规遵守与情绪、情感、意志、气质、能力、态度有关
H5	安全责任落实与情绪、情感、意志、气质、态度有关
H6	安全监督检查与思维、情绪、情感、意志、气质、态度有关
H7	安全资金投入与安全文化建设、安全教育培训、安全监督检查、应急救援管理有关
H8	应急救援管理与能力、态度有关
H9	安全事故管理与态度有关

（2）组织安全行为对生理因素的作用

生理因素是矿工个体自身所表现出的身体机能状态，包括身体健康水平、身体协调性和疲劳，这三个方面受组织安全行为影响较小。而且通过前面对生理因素的分析可知，生理因素之所以会对个体行为形成的过程产生影响，主要是通过生理因素影响感知、记忆、思维等心理因素进而产生作用的，归根结底还是心理因素的作用，所以，本研究暂不考虑组织安全行为对生理因素的作用关系。

（3）组织安全行为对技能因素的作用

根据 3.2 节的分析可知，本研究将技能因素分为知识和专业操作技能两个方面，而这两个方面又受组织安全行为的影响，进而影响个体不安全行为的输出。

1）组织安全行为对知识的作用分析

知识获取的途径有很多，组织安全行为的八个要素或多或少都会对矿工个体知识的获取产生影响。但对知识获取有明显作用关系的有三个要素，即安全文化建设、安全教育培训和安全事故管理。安全文化建设中的文化载体建设以及安全理念建设都会对矿工知识的获取有重要影响，而安全教育培训更是矿工在单位获取安全知识和教育的主要途径。之所以提到安全事故管理，是因为本研究在前面定义知识的内涵时将经验知识看作知识的重要组成部分。而安全事故管理包括事故经验总结和对广大职工的教育等内容，这是经验知识获取的重要途径，因此也将安全事故管理列为对知识有明显作用关系的一个因素。

2）组织安全行为对专业操作技能的作用分析

对专业操作技能有影响作用的组织安全行为要素有三个方面，即安全教育培训、安全监督检查和应急救援管理。安全教育培训对专业操作技能的培养有重要作用，而安全监督检查可以及时督促矿工掌握本岗位所需专业技能和安全操作技能。由于前面对专业操作技能的定义中也将安全设备设施的操作技能涵盖了进去，所以应急救援管理中应急救援演练等内容也会对专业操作技能的培养发挥作用。

组织安全行为要素对技能因素的作用关系汇总见表 3.12。

表 3.12　　组织安全行为要素对技能因素的作用关系

Table 3.12　The relationship between the elements of safety organizational behaviors and skills factors

组织安全行为要素	技能因素
安全文化建设	知识
安全教育培训	知识、专业操作技能
安全监督检查	专业操作技能
应急救援管理	专业操作技能
安全事故管理	知识

根据以上分析，提出组织安全行为对技能因素作用关系假设，见表 3.13。

表 3.13　　组织安全行为对技能因素作用关系假设

Table 3.13　Hypothesis of the relationship between the elements of safety organizational behaviors and skills factors

序号	假设内容
H10	知识和专业操作技能与不安全行为形成有关
H11	安全文化建设与知识有关
H12	安全教育培训与知识、专业操作技能有关
H13	安全监督检查与专业操作技能有关
H14	应急救援管理与专业操作技能有关
H15	安全事故管理与知识有关

3.3.2 组织安全行为对个体行为作用关系的概念模型

将组织安全行为通过内因对个体行为的作用关系假设进行汇总，见表3.14。

表3.14　组织安全行为对个体行为的作用关系假设

Table 3.14　Hypothesis of the relationship between the elements of safety organizational behaviors and individual behaviors

序号	假设内容
H1	记忆、思维、情绪、情感、意志、性格、气质、能力、态度、知识、专业操作技能与不安全行为的形成有关
H2	安全文化建设与思维、情绪、情感、意志、性格、气质、能力、态度、知识有关
H3	安全教育培训与记忆、思维、情绪、情感、意志、性格、气质、能力、态度、知识、专业操作技能有关
H4	安全法规遵守与情绪、情感、意志、气质、能力、态度有关
H5	安全责任落实与情绪、情感、意志、气质、态度有关
H6	安全监督检查与思维、情绪、情感、意志、气质、态度、专业操作技能有关
H7	安全资金投入与安全文化建设、安全教育培训、安全监督检查、应急救援管理有关
H8	应急救援管理与能力、态度、专业操作技能有关
H9	安全事故管理与态度、知识有关

根据以上假设，构建组织安全行为对个体行为作用机理概念模型，如图3.6所示。

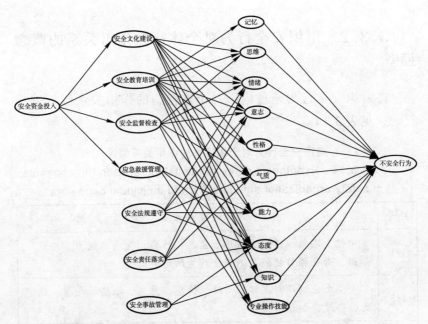

图 3.6　组织安全行为对个体行为作用机理概念模型
Fig.3.6　Conceptual model of the mechanism that safety
organizational behaviors impact on individual behaviors

3.3.3　实证研究

为了验证组织安全行为各要素对个体行为的作用关系，并得到作用强度，本节仍然采用结构方程模型方法，一些步骤和参考标准在 3.1 节中已经列出，此处就不再重复。

（1）模型的设计

组织安全行为八个要素的测量指标在 3.1 节已经列出，汇总其余潜变量的测量指标，见表 3.15。

表 3.15　　　　　　　　　潜变量的测量指标

Table 3.15　Measurement indicators of latent variables

潜变量	测量指标
安全文化建设	安全文化的认同程度（X1）
	安全文化培训的满意程度（X2）
	安全文化载体的建设情况（X3）
安全法规遵守	获取法律法规清单的难易程度（X4）
	法律法规的熟悉程度（X5）
	遵守法律法规的意愿（X6）
安全责任落实	安全责任书的签订情况（X7）
	对安全责任的熟悉程度（X8）
	落实安全责任的程度（X9）
安全教育培训	安全教育培训的满意程度（X10）
	安全教育培训的内容（X11）
	安全教育培训的效果（X12）
安全监督检查	安全监督检查的作用（X13）
	安全监督检查的落实程度（X14）
	安全隐患整改情况（X15）
安全资金投入	安全生产活动费用（X16）
	安全设备设施费用（X17）
	安全奖励费用（X18）
应急救援管理	应急救援物资、设备情况（X19）
	应急救援演练情况（X20）
	应急救援处理情况（X21）
安全事故管理	安全事故汇报（X22）
	安全事故处理（X23）
	安全事故总结学习（X24）

潜变量	测量指标
记忆	记忆在安全工作中的作用（X25）
	锻炼对记忆的作用（X26）
思维	思维在安全工作中的作用（X27）
	思维的可塑性（X28）
情绪	情绪在安全工作中的作用（X29）
	情绪的控制能力（X30）
意志	意志在安全工作中的作用（X31）
	意志的坚定性（X32）
性格	性格在安全工作中的作用（X33）
	性格的稳定性（X34）
气质	气质在安全工作中的作用（X35）
	培养对气质的作用（X36）
能力	能力在安全工作中的作用（X37）
	能力的可塑性（X38）
态度	态度在安全工作中的作用（X39）
	组织氛围对态度的影响（X40）
知识	知识在安全工作中的作用（X41）
	知识获取的难易程度（X42）
专业操作技能	专业操作技能在安全工作中的作用（X43）
	专业操作技能的可塑性（X44）
不安全行为	行为的偏差（X45）
	行为的不完善（X46）

　　根据上述变量的设计，得到组织安全行为对个体行为作用机理初始模型，如图 3.7 所示。其中，e1~e46 分别为 X1~X46 的残差变量，r1~r15 分别为安全文化建设、安全教育培训、安全监督检查、应

急救援管理、记忆、思维、情绪、意志、性格、气质、能力、态度、知识、专业操作技能、不安全行为这 15 个内因潜变量的残差变量。

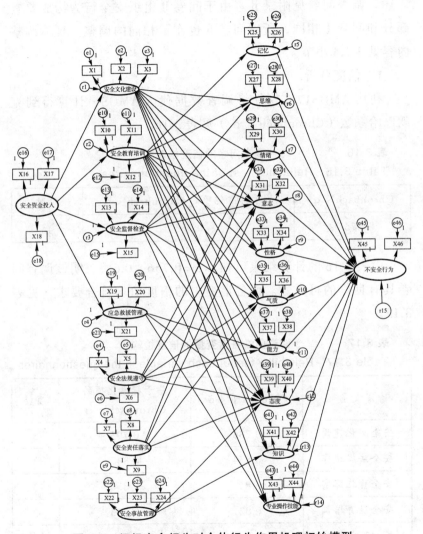

图 3.7 组织安全行为对个体行为作用机理初始模型

Fig.3.7 Initial model of the mechanism that organizational safety behaviors impact on individual behaviors

（2）组织安全行为对个体行为作用机理问卷设计

此处问卷的编制和调查样本的情况和 3.1 节中类似，就不再详述。调查问卷见附录Ⅱ。由于问卷Ⅱ组织安全行为构成要素部分和问卷Ⅰ相同，所以问卷Ⅱ也作了相同的调整。具体调整内容见 3.1.4 小节。

1）信度分析

利用 AMOS17.0 软件将调查数据代入 AMOS，计算得到克朗巴哈系数（Chronbach's α）见表 3.16。

表 3.16　　　　　　调查问卷的信度检验
Table 3.16　Reliability test of the questionnaires

Chronbach's α	基于标准化项的 Chronbach's α	项数
0.756	0.783	46

由表 3.16 的计算结果可知，α =0.756 > 0.6，表明该调查问卷具有良好的可靠性。而各潜变量的信度值均符合要求，见表 3.17。

表 3.17　　　　　　调查问卷各潜变量的信度检验
Table 3.17　Reliability test of each variable in the questionnaires

潜变量	Chronbach's α	基于标准化项的 Chronbach's α	项数
安全文化建设	0.786	0.793	3
安全法规遵守	0.834	0.847	3
安全责任落实	0.845	0.856	3
安全教育培训	0.821	0.833	3
安全监督检查	0.826	0.839	3
安全资金投入	0.819	0.828	3

续表

潜变量	Chronbach's α	基于标准化项的 Chronbach's α	项数
应急救援管理	0.843	0.866	3
安全事故管理	0.839	0.852	3
记忆	0.769	0.786	2
思维	0.747	0.769	2
情绪	0.721	0.739	2
意志	0.733	0.751	2
性格	0.730	0.742	2
气质	0.753	0.767	2
能力	0.716	0.724	2
态度	0.739	0.753	2
知识	0.786	0.798	2
专业操作技能	0.760	0.781	2
不安全行为	0.821	0.833	2

2）效度分析

本章仍然采用结构效度进行分析，即利用模型的拟合指数对数据的结构效度进行检验。拟合指数以及拟合效果见表3.20，模型整体拟合效果尚可，表明结构效度较好。

（3）模型的实证分析

1）结构方程模型的识别

在本研究中，$p=34$，$q=12$，则$\frac{1}{2}(p+q)(p+q+1)=1\,081$；

而$t=126$，小于820，根据t规则识别法，模型是可识别的。

2）模型估计

方差估计和标准化回归系数见表 3.18 和表 3.19。

表 3.18　　　　　　　　方差估计
Table 3.18　　Estimates of the variance

	Estimate	S.E.	C.R.	P
安全法规遵守	0.052	0.020	2.624	0.009
安全责任落实	0.379	0.069	5.455	***
安全事故管理	0.254	0.047	5.404	0.084
安全资金投入	0.218	0.046	4.769	***
r1	0.253	0.059	4.327	***
r2	0.102	0.038	2.680	0.007
r3	0.014	0.005	2.551	0.011
r4	0.103	0.044	2.358	0.018
r5	0.223	0.030	7.433	***
r6	0.037	0.007	5.285	***
r7	0.133	0.032	4.156	***
r8	0.283	0.061	4.639	***
r10	0.023	0.006	3.833	***
r9	0.133	0.061	2.180	***
r11	0.376	0.177	2.124	***
r12	0.058	0.016	3.625	0.081
r13	0.041	0.015	2.657	0.008
r14	0.031	0.007	4.428	***
r15	0.132	0.031	4.258	***
e17	0.615	0.059	10.448	***

续表

	Estimate	S.E.	C.R.	P
e1	0.232	0.039	5.982	***
e2	0.586	0.057	10.205	***
e10	0.469	0.054	8.704	***
e11	0.325	0.032	10.182	***
e13	0.365	0.036	10.212	***
e14	0.422	0.041	10.178	***
e19	0.334	0.048	6.971	***
e20	0.688	0.077	8.927	***
e4	0.345	0.034	10.207	***
e5	0.122	0.039	3.114	0.002
e7	0.179	0.050	3.551	***
e8	0.532	0.052	10.260	***
e22	0.451	0.144	3.132	0.003
e23	0.465	0.099	4.703	***
e24	0.374	0.036	10.316	***
e25	0.271	0.040	6.820	***
e26	0.381	0.039	9.782	***
e27	0.284	0.030	9.509	***
e28	0.299	0.029	10.150	***
e29	0.077	0.036	2.120	0.034
e30	0.393	0.038	10.343	***
e32	0.705	0.069	10.279	***
e33	0.330	0.068	4.838	***

续表

	Estimate	S.E.	C.R.	P
e34	0.310	0.031	10.088	***
e35	0.335	0.034	9.710	***
e36	0.387	0.038	10.158	***
e37	0.234	0.077	3.039	0.048
e38	0.364	0.035	10.308	***
e39	0.228	0.025	9.021	***
e40	0.369	0.046	8.110	***
e41	0.345	0.036	9.528	***
e42	0.456	0.060	7.611	***
e43	0.299	0.031	9.559	***
e44	0.351	0.040	8.730	***
e45	0.055	0.019	2.895	0.085
e46	0.625	0.061	10.329	***
e31	0.118	0.049	2.384	0.017
e21	0.325	0.035	9.285	***
e6	0.597	0.058	10.357	***
e9	0.411	0.040	10.311	***
e3	0.242	0.028	8.769	***
e18	0.322	0.031	10.378	***
e16	0.334	0.037	9.146	***
e12	0.283	0.029	9.927	***
e15	0.358	0.035	10.193	***

表 3.19 标准化回归系数
Table 3.19 Standardized regression coefficient

			Estimate
安全文化建设	←	安全资金投入	0.386
安全教育培训	←	安全资金投入	0.402
安全监督检查	←	安全资金投入	0.363
应急救援管理	←	安全资金投入	0.452
思维	←	安全文化建设	0.756
情绪	←	安全文化建设	0.812
意志	←	安全文化建设	0.787
性格	←	安全文化建设	0.368
气质	←	安全文化建设	0.813
能力	←	安全文化建设	0.789
态度	←	安全文化建设	0.868
知识	←	安全文化建设	0.736
记忆	←	安全教育培训	0.636
思维	←	安全教育培训	0.732
情绪	←	安全教育培训	0.806
意志	←	安全教育培训	0.712
性格	←	安全教育培训	0.326
气质	←	安全教育培训	0.788
能力	←	安全教育培训	0.856
态度	←	安全教育培训	0.823
知识	←	安全教育培训	0.782
专业操作技能	←	安全教育培训	0.787

			Estimate
思维	←	安全监督检查	0.588
情绪	←	安全监督检查	0.636
意志	←	安全监督检查	0.683
气质	←	安全监督检查	0.523
态度	←	安全监督检查	0.736
专业操作技能	←	安全监督检查	0.586
能力	←	应急救援管理	0.771
态度	←	应急救援管理	0.680
专业操作技能	←	应急救援管理	0.733
情绪	←	安全法规遵守	0.616
意志	←	安全法规遵守	0.621
气质	←	安全法规遵守	0.586
能力	←	安全法规遵守	0.562
态度	←	安全法规遵守	0.713
情绪	←	安全责任落实	0.519
意志	←	安全责任落实	0.647
气质	←	安全责任落实	0.567
态度	←	安全责任落实	0.752
态度	←	安全事故管理	0.737
知识	←	安全事故管理	0.758
不安全行为	←	记忆	0.426
不安全行为	←	思维	0.583

续表

			Estimate
不安全行为	←	情绪	0.865
不安全行为	←	意志	0.828
不安全行为	←	性格	0.633
不安全行为	←	气质	0.437
不安全行为	←	能力	0.735
不安全行为	←	态度	0.856
不安全行为	←	知识	0.525
不安全行为	←	专业操作技能	0.639
X1	←	安全文化建设	0.656
X2	←	安全文化建设	0.632
X3	←	安全文化建设	0.589
X4	←	安全法规遵守	0.434
X5	←	安全法规遵守	0.643
X6	←	安全法规遵守	0.689
X7	←	安全责任落实	0.756
X8	←	安全责任落实	0.743
X9	←	安全责任落实	0.762
X10	←	安全教育培训	0.545
X11	←	安全教育培训	0.563
X12	←	安全教育培训	0.713
X13	←	安全监督检查	0.720
X14	←	安全监督检查	0.626

			Estimate
X15	←	安全监督检查	0.833
X16	←	安全资金投入	0.787
X17	←	安全资金投入	0.643
X18	←	安全资金投入	0.638
X19	←	应急救援管理	0.628
X20	←	应急救援管理	0.668
X21	←	应急救援管理	0.635
X22	←	安全事故管理	0.756
X23	←	安全事故管理	0.643
X24	←	安全事故管理	0.743
X25	←	记忆	0.630
X26	←	记忆	0.381
X27	←	思维	0.688
X28	←	思维	0.468
X29	←	情绪	0.683
X30	←	情绪	0.462
X31	←	意志	0.819
X32	←	意志	0.254
X33	←	性格	0.629
X34	←	性格	0.284
X35	←	气质	0.710
X36	←	气质	0.517
X37	←	能力	0.734

续表

			Estimate
X38	←	能力	0.491
X39	←	态度	0.430
X40	←	态度	0.465
X41	←	知识	0.412
X42	←	知识	0.551
X43	←	专业操作技能	0.436
X44	←	专业操作技能	0.579
X45	←	不安全行为	0.870
X46	←	不安全行为	0.601

由表 3.18 和表 3.19 可知，待估系数在可接受的范围内，不存在"违犯估计"的现象，可以对模型拟合度进行检验。

3）模型评价

本节仍然采用绝对拟合指数和相对拟合指数对模型进行评价，数据见表 3.20。

表 3.20 初始模型拟合指数
Table 3.20 Fit index of initial model

χ^2/df	RMSEA	NFI	IFI	CFI
3.986	0.069	0.836	0.833	0.857

由表 3.20 可知，初始模型拟合度检验符合参考标准。

通过对组织安全行为对个体行为作用机理初始模型进行实证分析，得到组织安全行为对个体行为作用机理最终模型，如图 3.8 所示。

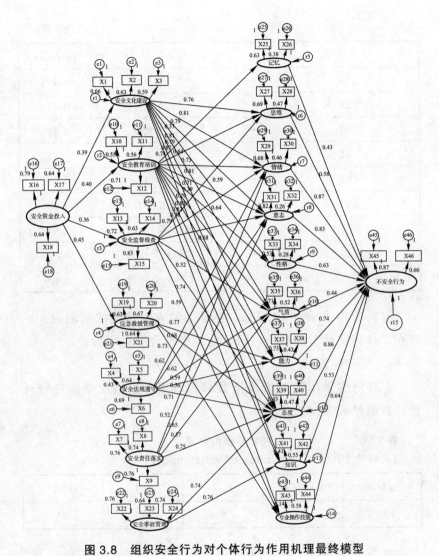

图 3.8　组织安全行为对个体行为作用机理最终模型

Fig.3.8　Final model of the mechanism that organizational safety
behaviors impact on individual behaviors

4）模型结果分析

通过分析模型的数据可知，所提假设成立，并根据结果做出如下解释。

①安全文化建设对个体行为的作用

根据组织安全行为对个体行为作用机理最终模型可知，安全文化建设通过思维、情绪、意志、性格、气质、能力、态度、知识等因素对个体行为的形成发生作用，路径系数依次分别为 0.76、0.81、0.79、0.37、0.81、0.79、0.87、0.74，而思维、情绪、意志、性格、气质、能力、态度、知识等因素对不安全行为形成的路径系数依次分别为 0.58、0.87、0.83、0.63、0.44、0.74、0.86、0.53。因此，安全文化建设通过思维、情绪、意志、性格、气质、能力、态度、知识等因素对不安全行为的间接效应系数依次分别为 0.44、0.70、0.66、0.23、0.36、0.58、0.75、0.39。

通过分析可知，安全文化建设通过矿工个体的态度、情绪、意志和能力对个体不安全行为的形成影响作用较大，而通过性格发生的作用最小，这从另一个方面说明一个人的性格是相对稳定的心理特征，不易受外界因素的影响。

②安全教育培训对个体行为的作用

根据组织安全行为对个体行为作用机理最终模型可知，安全教育培训通过记忆、思维、情绪、意志、性格、气质、能力、态度、知识、专业操作技能等因素对个体行为的形成发生作用，路径系数依次分别为 0.64、0.73、0.81、0.71、0.33、0.79、0.86、0.82、0.78、0.79，而记忆、思维、情绪、意志、性格、气质、能力、态度、知识、专业操作技能等因素对不安全行为形成的路径系数依次分别为 0.43、0.58、0.87、0.83、0.63、0.44、0.74、0.86、0.53、0.64。因此，安全教育培训通过记忆、思维、情绪、意志、性格、气质、能力、态度、知识、专业操作技能等因素对不安全行为的间接效应系数依次分别为 0.28、0.42、0.70、0.59、0.21、0.35、0.64、0.71、0.41、0.51。

通过分析可知，安全教育培训通过矿工个体的态度、情绪、能力、意志、专业操作技能对个体不安全行为的形成影响作用较大，而通过性格发生的作用最小。

③安全监督检查对个体行为的作用

根据组织安全行为对个体行为作用机理最终模型可知，安全监督检查通过思维、情绪、意志、气质、态度、专业操作技能等因素对个体行为的形成发生作用，路径系数依次分别为 0.59、0.64、0.69、0.52、0.74、0.59，而思维、情绪、意志、气质、态度、专业操作技能等因素对不安全行为形成的路径系数依次分别为 0.58、0.87、0.83、0.44、0.86、0.64。因此，安全监督检查通过思维、情绪、意志、气质、态度、专业操作技能等因素对不安全行为的间接效应系数依次分别为 0.34、0.56、0.57、0.23、0.64、0.38。

通过分析可知，安全监督检查通过态度、意志、情绪等因素对个体不安全行为的形成影响作用较大，而通过气质发生的作用最小。

④应急救援管理对个体行为的作用

根据组织安全行为对个体行为作用机理最终模型可知，应急救援管理通过能力、态度、专业操作技能等因素对个体行为的形成发生作用，路径系数依次分别为 0.77、0.68、0.73，而能力、态度、专业操作技能等因素对不安全行为形成的路径系数依次分别为 0.74、0.86、0.64。因此，应急救援管理通过能力、态度、专业操作技能等因素对不安全行为的间接效应系数依次分别为 0.57、0.58、0.47。

通过分析可知，应急救援管理通过态度、能力、专业操作技能等因素对个体不安全行为的形成影响作用较大。

⑤安全法规遵守对个体行为的作用

根据组织安全行为对个体行为作用机理最终模型可知，安全法规遵守通过情绪、意志、气质、能力、态度等因素对个体行为的形成发生作用，路径系数依次分别为 0.62、0.62、0.59、0.56、0.71，而情绪、意志、气质、能力、态度等因素对不安全行为形成的路径系数依次分别为 0.87、0.83、0.44、0.74、0.86。因此，安全法规遵守通过情绪、意志、气质、能力、态度等因素对不安全行为的间接效应系数依次分别为 0.54、0.51、0.26、0.41、0.61。

通过分析可知，安全法规遵守通过态度、情绪、意志等因素对个体不安全行为的形成影响作用较大，而通过气质发生的作用最小。

⑥安全责任落实对个体行为的作用

根据组织安全行为对个体行为作用机理最终模型可知，安全责任落实通过情绪、意志、气质、态度等因素对个体行为的形成发生作用，路径系数依次分别为 0.52、0.65、0.57、0.75，而情绪、意志、气质、态度等因素对不安全行为形成的路径系数依次分别为 0.87、0.83、0.44、0.86。因此，安全责任落实通过情绪、意志、气质、态度等因素对不安全行为的间接效应系数依次分别为 0.45、0.54、0.25、0.65。

通过分析可知，安全责任落实通过态度、意志、情绪等因素对个体不安全行为的形成影响作用较大，而通过气质发生的作用最小。

⑦安全事故管理对个体行为的作用

根据组织安全行为对个体行为作用机理最终模型可知，安全事故管理通过态度、知识等因素对个体行为的形成发生作用，路径系数依次分别为 0.74、0.76，而态度、知识等因素对不安全行为形成的路径系数依次分别为 0.86、0.53。因此，安全事故管理通过态度、知识等因素对不安全行为的间接效应系数依次分别为 0.64、0.40。

通过分析可知，安全事故管理通过态度、知识等因素对个体不安全行为的形成影响作用较大。

⑧安全资金投入对个体行为的作用

根据组织安全行为对个体行为作用机理最终模型可知，安全资金投入对个体行为的作用机理与以上七个因素均不同，安全资金投入通过对安全文化建设、安全教育培训、安全监督检查和应急救援管理的影响，进而作用于记忆、思维、情绪、意志、性格、气质、能力、态度、知识、专业操作技能等因素，从而影响个体不安全行为的输出。虽然对个体不安全行为的影响是间接作用，但安全资金投入的重要作用同样不可忽视。

综合以上分析，安全文化建设、安全教育培训、安全监督检查是对矿工个体行为影响较大、较重要的组织安全行为因素。态度、情绪、意志、能力、专业操作技能容易受组织安全行为的影响，从而影响不安全行为的输出，而性格、气质等因素由于是个体相对稳定的心理特征，受组织安全行为影响相对较小。

第四章
煤矿安全管理行为评估方法

上一章研究了煤矿安全管理中组织行为和个体行为之间的关系，并且阐明了煤矿安全管理行为的作用机理。在此研究的基础上，本章将探讨煤矿安全管理行为的评估方法，包括组织安全行为评估、个体行为评估两个方面。

4.1
组织安全行为评估

安全管理组织行为缺欠是造成煤矿事故发生的根本原因，而准确地评估煤矿安全管理组织行为水平是提高组织安全行为实施效果的前提。根据组织行为学原理，个体行为决定于组织行为，因此，组织安全行为的有效实施可以促进个体减少不安全行为。基于前文对表征组织安全行为的特征要素的识别，本节将建立组织安全行为评估指标体系以对煤矿安全管理组织行为水平进行评估。

4.1.1 组织安全行为评估指标体系

（1）评估方法

通过文献研究发现，指数评价法是较适合于对企业的安全管理评价的方法，而该方法也适用于针对煤矿企业安全管理组织行为的评估。指数评价法是指运用多个指标，通过多方面对一个参评单位进行评价，这里对组织安全行为进行评估即对参评单位安全管理中的一个方面进行评价。其基本思想是通过多方面，选择多个指标，并根据各个指标的不同权重进行综合评价[95]。该方法的特点是通常有十几个乃至几十个之多的指标，在这么多的指标之中，一般根据不同指标的重要性进行加权处理。

针对煤矿安全管理组织行为而言，单一的指标不能对其真实水平进行准确的评估，因此需要建立一个指标体系，通过多个指标多方面地对其进行综合评估。根据煤矿企业管理组织的特点，建立组织安全行为评估指标体系，将指标体系分为三级，然后根据三级指标的得分，分别进行二级指标和最终组织安全行为得分的计算。在实际评估中将对每一个三级指标设定相应的考评项，并设定评分规则对考评项打分，借鉴美国杜邦公司的安全管理评价规则将得分比例分为六个层次，且对应的规定采用定性的描述[96]，见表 4.1。

表 4.1 　　　　　　　　　　考评项评分规则

Table 4.1　　　Rating rules of assessment items

得分比例	描述
100%	完全符合考评标准体系要求，任何时候、任何方面都做得很好
80%	大部分符合考评标准体系要求，且拥有更多的最佳实践

续表

得分比例	描述
60%	半数以上符合考评标准体系要求，刚达到及格水平
40%	小部分符合考评标准体系要求，偶尔执行了一些最佳实践
20%	几乎不符合考评标准体系要求，刚准备做出努力
0	完全不符合考评标准体系要求，对于该项工作还没有意识

（2）评估指标的设定

由上一章的内容可知，构成组织安全行为的特征因素主要分为八个方面，即安全法规遵守、安全责任落实、安全文化建设、安全教育培训、安全监督检查、安全资金投入、应急救援管理和安全事故管理，组织安全行为的实施效果可以从这八个方面来体现。组织安全行为是煤矿内部各组织的行为，可能涉及不同的管理层级和不同的岗位人员，例如安全责任落实和安全文化建设。对组织安全行为的评估主要是针对能显著影响安全绩效的组织安全行为进行。因此，将组织安全行为的八个特征要素作为对其评估的二级指标。

通过专家小组讨论的方法对每一个二级指标下面的三级进行确定，专家小组成员为4人，专家讨论组成员构成情况见表4.2。

表 4.2　　　　　　　专家讨论组成员构成

Table 4.2　Members of expert discussion group

序号	1	2	3	4
专家来源	高等院校	高等院校	煤矿企业	煤矿企业
职称	教授	副教授	高级工程师	高级工程师

专家小组讨论最终确定 8 个二级指标下共有 16 个三级指标。因此，最终形成的组织安全行为评估指标体系如图 4.1 所示。

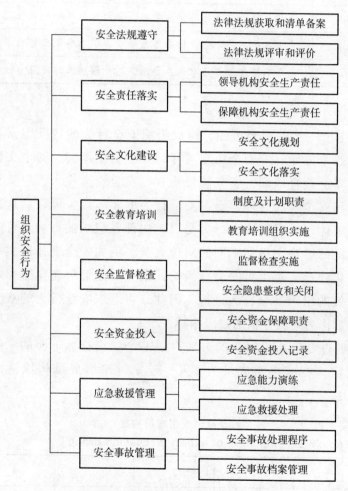

图 4.1　组织安全行为评估指标体系

Fig.4.1　Evaluation indicator system of organizational safety behaviors

（3）考评项的设定

考评项即针对每一个三级指标设定的实际评分时的评价细则，主要根据我国法律法规的规定及国内外煤矿在安全管理中的有效措施制定。基于以上内容制定的组织安全行为评估指标体系，本研究共设定了57个考评项，每一个三级指标对应的考评项的数目见表4.3。

表 4.3　　　　　　　　三级指标对应的考评项数目

Table 4.3　Number of assessment items of third-level indicators

三级指标	对应考评项数目	三级指标	对应考评项数目
法律法规获取和清单备案	5	监督检查实施	3
法律法规评审和评价	5	安全隐患整改和关闭	4
领导机构安全生产责任	3	安全资金保障职责	2
保障机构安全生产责任	5	安全资金投入记录	2
安全文化规划	2	应急能力演练	3
安全文化落实	5	应急救援处理	2
制度及计划职责	3	安全事故处理程序	5
教育培训组织实施	5	安全事故档案管理	3

根据上文中表4.1给出的评分规则对每一个考评项进行打分，然后根据相应的权重计算每一个三级指标的得分。正文部分仅给出法律法规获取和清单备案的考评项作为示例（详见附录Ⅲ），见表4.4。

表 4.4　　　　　　　　　　考评项示例

Table 4.4　　　　A sample of assessment items

三级指标	考评项
法律法规获取和清单备案	煤矿安全领导机构应组织制定法律法规标识与评价制度，并明确指定负责收集法律法规的主管部门和各协助部门，确定具体负责人员
	煤矿安全领导机构应明确获取渠道和时限，主责部门和各协助部门应按要求及时获取法律、法规和标准等
	煤矿负责法律法规的主责部门应建立《法律、法规及其他要求清单》和《法律、法规及其他要求适用条款》，并建立法律法规适用性清单
	安全领导机构应明确要求下级单位进行法律法规适用性清单备案工作，应明确备案负责部门
	负责清单备案部门应做好备案记录，并负责向上级单位的备案对接工作

4.1.2　评估指标体系中指标权重的确定

在组织安全行为评估指标体系中，不同的指标往往重要程度不同，因此需要确定指标体系中各指标的权重，同时这也是指数评价法的重要特点和要求。对指标权重进行确定的过程是对各指标进行量化评估的过程，因此需要应用一个合理的指标量化方法。针对指标评估量化的方法主要包括专家经验法、层次分析法和模糊综合评价法等。专家经验法主要是根据专家的经验来确定各指标的权重，这种方法不能保证指标确定的合理性和科学性。层次分析法是一种定性与定量相结合的多因素决策分析方法，该方法将决策问题分解为目标、准则、方案等层次，通过对指标两两之间的重要程度的比较建立判断矩阵，再通过计算矩阵的最大特征值和特征向量得出不同指标的权重[95]。

模糊综合评价法是利用模糊数学中隶属度的理论将模糊信息定量化，通过合理的选择因素域值并利用传统的数学方法对各因素进行定量化。综合对比集中方法，本研究将采用层次分析法对组织安全行为指标体系中各指标的权重进行确定。

（1）层次分析法分析过程

层次分析法确定指标权重的过程主要分为四个步骤，第一步是构建层次分析结构模型，第二步是对专家进行调研咨询构造判断矩阵，第三步通过计算判断矩阵的特征值和特征向量获得各层次指标的相对权重，第四步是对构造的判断矩阵进行一致性检验，保证结果的合理性[97]。

层次分析法的基本原理是将对多个元素权重的整体判断转化为对其进行"两两比较"，然后对两两比较的结果进行定量化，定量化在层次分析法中一般采用Saaty提出的1-9比率标度法进行赋值，见表4.5，进而通过两两比较的结果形成判断矩阵，再利用线性代数的知识对矩阵结果进行计算来获得各指标的权重。

表 4.5 判断矩阵 1-9 标度赋值法

Table 4.5 1-9 scale assignment method of judgement matrix

重要性程度比较 （元素 i 与元素 j 相比）	元素 i 对元素 j 的相对重要程度赋值（a_{ij}）	元素 j 对元素 i 的相对重要程度赋值（a_{ji}）
元素 i 与元素 j 对上一层同样重要	1	1
元素 i 比元素 j 稍微重要	3	1/3
元素 i 比元素 j 明显重要	5	1/5
元素 i 比元素 j 强烈重要	7	1/7
元素 i 比元素 j 极端重要	9	1/9
元素 i 比元素 j 的重要性介于以上相邻之间	2、4、6、8	1/2、1/4、1/6、1/8

层次分析法在确定权重过程中有时会遇到同一层次的指标数量很多，这时指标之间的两两比较会很复杂，指标个数若有 n 个，则需要进行 $n*(n-1)/2$ 次比较，因此在一致性检验的过程中很容易出现一致性达不到要求的情况，这样会影响结果的可靠性[98]。一般情况下，当两两比较的指标个数超过 4 个及以上时就会出现判断矩阵达不到一致性要求的情况。这种情况下可以采用改进的层次分析法。

（2）改进的层次分析法

根据学者李凤伟、杜修力等人对层次分析法的研究，提出了改进的层次分析法（Improved AHP，IAHP），将其应用于辨识明挖地铁站的施工风险之中并验证了该方法的有效性[99]。IAHP 方法主要针对确定权重时需要进行两两比较的指标较多的情况，该方法通过专家对元素的重要程度进行排序进而构造出模糊判断矩阵，最终计算出指标权重。该方法的分析过程主要分为两步：首先对指标进行赋值，最不重要的元素赋值 1，最重要的元素赋值 10，处于中间的元素用线性内插值取整数的方法来赋值；然后通过对各指标的赋值做差值来构造模糊判断矩阵，此时 a_{ij} 表示指标 i 与指标 j 的赋值的差值，若指标 i 赋值为 Z_i，指标 j 赋值为 Z_j，则当 $a_{ij}>0$ 时，$a_{ij}=Z_i-Z_j$，当 $a_{ij}<0$ 时，$a_{ij}=1/|Z_i-Z_j|$，当 $Z_i=Z_j$ 时，$a_{ij}=1$，该判断矩阵具有如下性质：$a_{ij}>0$，$a_{ii}=1$，$a_{ij}=1/a_{ji}$[99]。

本研究提出的组织安全行为评估指标体系中组织安全行为的二级指标共有 8 个，这种情况就较适合应用改进的层次分析法。因此，将综合采用传统的层次分析法和改进的层次分析法（IAHP）来确定以上各指标的权重。

（3）指标权重的确定

根据以上对传统层次分析法和改进层次分析法的介绍，对组织安全行为的二级指标进行权重确定时将采用改进的层次分析法

（IAHP），对每一个二级指标下的三级指标进行权重确定时将采用传统的层次分析法。因此，本研究把对专家的调研问卷设计成两部分（详见附录Ⅳ），第一部分是请专家对指标体系中的8个二级指标进行重要度排序，第二部分是对每一个二级指标下的三级指标进行两两对比，根据1~9标度赋值法对两个指标的重要程度进行赋值。

本研究共对8位专家进行了问卷调研，其中有2位专家来自高校，其余6位专家来自于三个不同的煤矿企业，这些专家均具有丰富的煤矿安全管理研究或实践经验。问卷收回8份，且均为有效问卷。

对回收的调研问卷进行分析并确定指标权重的过程主要分为三步：第一步是计算IAHP法构造的判断矩阵中各指标的相对权重，第二步是计算AHP法构造的判断矩阵中各指标的相对权重，第三步是综合上两步的结果计算出指标体系中每一个指标的权重。

1）第一步

用IAHP法对专家的问卷回答结果构造判断矩阵，计算指标的相对权重。每一个专家对组织安全行为下的二级指标进行重要度排序，根据每一个专家的排序结果可以构造出一个判断矩阵，本调查中8位专家共可构造8个判断矩阵。例如，某位专家对组织安全行为下的二级指标从最重要到最不重要的排序顺序（用字母A~H表示各指标）：安全责任落实（B）、安全文化建设（C）、安全法规遵守（A）、安全教育培训（D）、安全监督检查（E）、安全资金投入（F）、应急救援管理（G）、安全事故管理（H）；然后对每一个指标进行赋值：最不重要的指标赋值为1，最重要的指标赋值为10，中间指标的赋值用线性内插值法来确定。因此，组织安全行为下的8个二级指标被分别赋值为10、9、7、6、5、4、2、1。根据该专家的排序结果进行赋值构造出的两两判断矩阵见表4.6。

表 4.6　　　根据 IAHP 法构造的判断矩阵（示例）

Table 4.6　Judgment matrix constructed according to the
IAHP method（a sample）

a_{ij}	A	B	C	D	E	F	G	H	ω
A	1	1/3	1/2	1	2	3	5	6	0.134 1
B	3	1	1	4	5	6	8	9	0.316 3
C	2	1	1	3	4	5	7	8	0.264 2
D	1	1/4	1/3	1	1	2	4	5	0.102 7
E	1/2	1/5	1/4	1	1	1	3	4	0.076 4
F	1/3	1/6	1/5	1/2	1	1	1/2	3	0.052 1
G	1/5	1/8	1/7	1/4	1/3	1/2	1	1	0.029 3
H	1/6	1/9	1/8	1/5	1/4	1/3	1	1	0.025 1

根据构造完成的判断矩阵，本研究应用 Matlab 软件计算矩阵的最大特征值和对应的特征向量，输入命令代码为：

clc; clear;

A=A=[1 1/3 1/2 1 2 3 5 6; 3 1 1 4 5 6 8 9; 2 1 1 3 4 5 7 8; 1 1/4 1/3 1 1 2 4 5; 1/2 1/5 1/4 1 1 1 3 4; 1/3 1/6 1/5 1/2 1 1 1/2 3; 1/5 1/8 1/7 1/4 1/3 1/2 1 1; 1/6 1/9 1/8 1/5 1/4 1/3 1 1]

[V，D]=eig（A）

根据软件的运行结果可知该矩阵的最大特征值为 8.055 0，其对应的特征向量为（0.293 7，0.692 9，0.578 7，0.224 9，0.167 4，0.114 2，0.064 1，0.054 9）^{T}，计算排序权向量 W_i=（0.134 1，0.316 3，0.264 2，0.102 7，0.076 4，0.052 1，0.029 3，0.025 1）^{T}。然后对判断矩阵进行一致性检验，一致性指标 CI 的计算结果：

$$CI = \frac{\lambda_{max} - n}{n-1} = \frac{8.055\ 0 - 8}{8 - 1} = 0.008$$

根据王莲芬、许树柏[97]研究给出的 1~15 阶正反矩阵计算1 000 次得到的平均随机一致性指标（RI），当 $n=8$ 时，RI 取1.41，则该判断矩阵的一致性比例为：

$$CR = \frac{CI}{RI} = \frac{0.008}{1.41} = 0.005\ 7$$

一般当 $CR<0.1$ 时认为判断矩阵的一致性是可以接受的，在本判断矩阵中 $CR=0.005\ 7<0.1$，因此认为其一致性达到要求。同样，经计算其他应用排序赋值的方式构造的判断矩阵的一致性比例均符合要求。本研究中共收回 8 位专家的 8 份问卷，因此一共构造了 8 个判断矩阵，用同样的方法计算出其他矩阵的权重向量，最后计算所有权重向量的算术平均值，这样得到组织安全行为下每一个二级指标的平均相对权重数见表 4.7。

表 4.7　IAHP 法计算出的二级指标的平均相对权重数

Table 4.7　Average relative weights of second-level indicators calculated according to the IAHP method

判断指标	平均相对权重 W_i
安全法规遵守	0.164 4
安全责任落实	0.261 5
安全文化建设	0.175 3
安全教育培训	0.104 0
安全监督检查	0.072 4
安全资金投入	0.153 6
应急救援管理	0.042 0
安全事故管理	0.026 9

2）第二步

用 AHP 法由专家的问卷回答结果构造出判断矩阵，计算第三级指标的相对权重。由于每一个二级指标下面都只有两个三级指标，因此，每位专家构造 8 个二阶判断矩阵（分别用 a~h 表示），8 位专家共构造 64 个矩阵。在问卷之中两两对比结果分为 5 个层次，即同样重要、稍微重要、明显重要、强烈重要、极端重要。应用 1~9 标度赋值法进行赋值。例如某位专家对安全法规遵守下的两个三级指标的两两比较结果为法律法规评审和评价比法律法规获取和清单备案稍微重要，则构造的判断矩阵见表 4.8。

表 4.8　　　　根据 AHP 法构造的判断矩阵（示例）

Table 4.8　Judgment matrix constructed according to the AHP method（a sample）

a_{ij}	a_1	a_2	ω
a_1	1	1/3	0.250 0
a_2	3	1	0.750 0

因为每一个矩阵中比较的指标均只有两个，因此都能够通过一致性检验。针对每一组对比的指标根据 8 位专家构造的判断矩阵计算其算术平均值，进而得到矩阵 a~h 中每个指标的相对权重，见表 4.9。

表 4.9　应用 AHP 法计算出的各判断矩阵中指标的平均相对权重

Table 4.9　Average relative weights of indicators in every judgment matrix calculated according to the AHP method

矩阵	判断指标	平均相对权重 W_i
判断矩阵 a	法律法规获取和清单备案	0.375 0
	法律法规评审和评价	0.625 0

续表

矩阵	判断指标	平均相对权重 W_i
判断矩阵 b	领导机构安全生产责任	0.500 0
	保障机构安全生产责任	0.500 0
判断矩阵 c	安全文化规划	0.208 4
	安全文化落实	0.791 6
判断矩阵 d	制度及计划职责	0.250 0
	教育培训组织实施	0.750 0
判断矩阵 e	监督检查实施	0.324 5
	安全隐患整改和关闭	0.675 5
判断矩阵 f	安全资金保障职责	0.472 8
	安全资金投入记录	0.527 2
判断矩阵 g	应急能力演练	0.833 3
	应急救援处理	0.166 7
判断矩阵 h	安全事故处理程序	0.812 5
	安全事故档案管理	0.187 6

3）第三步

根据以上两步计算的结果，对指标体系中每个指标的权重进行综合计算。例如，应用 IAHP 法计算的安全法规遵守的相对权重为 0.164 4，应用 AHP 法计算得到的三级指标法律法规遵守和清单备案的相对权重为 0.375 0，因此

法律法规遵守和清单备案在整个指标体系中的相对权重为
0.164 4×0.375 0=0.061 7。按照这种方法计算得到每一个指标
的最终权重见表4.10。

表4.10 组织安全行为评估指标体系中各级指标权重表
Table 4.10 Weights of all indicators in the evaluation indicator
system of organizational safety behaviors

一级指标	二级指标及权重	三级指标及权重	
组织安全行为	安全法规遵守 0.164 4	法律法规获取和清单备案	0.061 7
		法律法规评审和评价	0.102 7
	安全责任落实 0.261 5	领导机构安全生产责任	0.130 7
		保障机构安全生产责任	0.130 8
	安全文化建设 0.175 3	安全文化规划	0.036 5
		安全文化落实	0.138 8
	安全教育培训 0.104 0	制度及计划职责	0.026 0
		教育培训组织实施	0.078 0
	安全监督检查 0.072 4	监督检查实施	0.023 5
		安全隐患整改和关闭	0.048 9
	安全资金投入 0.153 6	安全资金保障职责	0.072 6
		安全资金投入记录	0.081 0
	应急救援管理 0.042 0	应急能力演练	0.035 0
		应急救援处理	0.007 0
	安全事故管理 0.026 9	安全事故处理程序	0.021 9
		安全事故档案管理	0.005 0

（4）指标权重分析

根据表4.10中各指标权重的计算结果可以看出，权重值排在前5名的指标分别为安全文化落实（0.138 8）、保障机构安全生产责任（0.130 8）、领导机构安全生产责任（0.130 7）、法律法规评审和评价（0.102 7）、安全资金投入记录（0.081 0），表明这5个指标在所有指标中发挥更重要的作用。在煤矿企业的一系列组织安全行为之中，安全文化如果能够得到更好的建设和落实，则能够使企业从整体上拥有一个良好的安全氛围，并从根本上提高每一个人的安全意识和企业的安全管理水平。保障机构安全责任和领导机构安全责任的落实是使企业安全管理体系能够有效执行和事故预防措施落实到位的前提。法律法规的评审和评价是让企业对适用的法律法规的要求有更明确的认识，能够按照规定程序进行安全管理并积极承担安全责任。安全资金投入记录是保证企业对安全管理投入充足的资金，确保安全培训和应急演练等的有效开展。

因此，煤矿企业在进行安全管理时要重点加强权重较高的指标的落实和管理，进而从整体上来提高企业的安全管理组织行为水平。

4.1.3　指标体系的评分及评估结果表达

在对煤矿的组织安全行为进行实际评估时，应用以上的指标体系可以采用百分制的模式，根据上文所述，首先对每一个三级指标的对应考评项进行考评打分，进而得到每一个三级指标的百分制得分，然后根据权重计算得到每一个二级指标的得分，最后得到一级指标即组织安全行为的百分制得分。对组织安全行为的评估结果进行等级划分，本研究根据不同的分数范围将其分为5个等级，见表4.11。

表 4.11　　　　组织安全行为评估得分等级划分

Table 4.11　Grading classification of the evaluation score of organizational safety behaviors

序号	等级	分数范围	描述
1	优秀	90~100	组织安全行为的各个方面均得到很好的落实，企业在组织的安全管理实践上处于高效的状态
2	良好	75~90	组织安全行为的大部分方面得到很好的落实，企业在组织的安全管理实践上处于较好的状态
3	一般	60~75	组织安全行为的大部分方面得到了落实，但效果不佳，企业对组织的安全管理实践应加强重视
4	较差	40~60	组织安全行为中只有个别方面得到了落实，企业对组织的安全管理实践的重视严重不足
5	不可接受	0~40	组织安全行为的各个方面在安全管理实践中均未得到落实，企业的组织层面对安全管理工作完全没有意识

4.2
个体行为评估

　　本节对煤矿员工个体行为的评估主要从员工个体不安全行为的角度出发，分析产生个体不安全行为的各种因素，并结合

煤矿的特殊作业环境，对煤矿工人的不安全行为水平进行评估。本节将构建矿工个体不安全行为评估量表，通过对煤矿工人的开放式问卷调查，确定量表的主要项目并形成初级量表，然后通过对初级量表进行探索性分析和验证性分析，最终确定矿工个体不安全行为评估的正式量表。

4.2.1 矿工个体不安全行为评估量表的条目要素的确定

根据上一章的理论分析可知，矿工不安全行为的影响因素主要有内因和外因两个方面，其中内因包括心理因素、生理因素和技能因素，外因包括组织安全行为和组织内部环境和外部客观环境。根据以上几个方面因素及其包含的要素，并结合国内外有关文献研究，初步确定矿工个体不安全行为评估量表的基本条目要素见表4.12。

表4.12 矿工个体不安全行为评估量表的基本条目

Table 4.12 Basic items of miners' individual unsafe behaviors assessment scale

内因		
心理因素	感觉	情感
	知觉	意志
	记忆	性格
	思维	气质
	情绪	态度
生理因素	身体健康状况	疲劳
	身体协调性	生物节律
技能因素	安全知识	专业操作技能

外因		
组织安全行为	安全文化建设	安全教育培训
	安全责任落实	安全监督检查
	安全事故管理	应急救援管理
	安全奖惩措施	安全法规遵守
	沟通与反馈机制	团队因素
组织内部环境	压力	安全氛围
	领导力	人际关系
外部客观环境	温度	工作单调性
	湿度	工作时间
	噪声	工作紧迫性
	粉尘	家庭关系
	照明	生活事件

为了在理论分析的基础上能够依据矿工自身的感受而更加全面和细致地获得影响其不安全行为的因素，本研究将采用开放式问卷的形式对煤矿工人进行实地问卷调查，进而了解矿工对不安全行为影响因素的意见。

开放式问卷可以用比较自由的方式让被访者进行作答，不受任何约束。这种回答方式可以充分体现出每个矿工的特点、态度和行为习惯，所以得到的数据更具有普遍意义，而且往往可以获得一些理论漏掉的信息。

本次共发放问卷（见附录Ⅴ）100份，问卷发放的对象分别是来自大、中、小型煤矿的一线员工，问卷回收89份。对开放式问卷得到的所有项目进行归类和筛选，然后对表4.12进行补充和细化，将内因的心理因素、生理因素和技能因素统称为个体内在因素，而外因中的组织安全行为和组织内部环境统称为组织内部因素，外部客观环境改为外部环境因素。因此，形成的矿工个体不安全行为评估量表的确定条目见表4.13。

表 4.13 矿工个体不安全行为评估量表的确定条目

Table 4.13 Determinate items of miners' individual unsafe behaviors assessment scale

个体内在因素	
I1 感知觉	I2 情感
I3 记忆	I4 意志
I5 思维	I6 性格
I7 情绪	I8 气质
I9 反应速度	I10 态度
I11 注意力	I12 责任心
I13 身体健康状况	I14 身体协调性
I15 疲劳	I16 生物节律
I17 职业病	I18 专业操作技能
I19 工作满意度	I20 安全知识
I21 辨识危险源和隐患的能力	I22 事故应急处置能力
组织内部因素	
I23 安全文化建设	I24 安全教育培训
I25 安全责任落实	I26 安全监督检查
I27 安全事故管理	I28 应急救援管理
I29 安全奖惩措施	I30 安全法规遵守
I31 沟通与反馈机制	I32 任务分配
I33 安全工作参与度	I34 上下级的沟通渠道
I35 工作压力	I36 安全氛围
I37 领导力	I38 领导安全态度
I39 工友关系	

外部环境因素	
I40 温度	I41 噪声
I42 湿度	I43 粉尘
I44 照明	I45 工作紧迫性
I46 工作时间	I47 工作单调性
I48 工作强度	I49 生活事件
I50 社会人际关系	I51 家庭关系

4.2.2 矿工个体不安全行为评估量表的编制

根据以上研究得到的矿工个体不安全行为评估量表的 51 个项目，借鉴国内外已有的对不安全行为测量方面的研究成果，编制矿工个体不安全行为评估初级量表，初级量表由三个分量表构成，即个体内在因素分量表、组织内部因素分量表和外部环境因素分量表[100]。每个量表的题项设计均采用李克特五级量表赋分法，即 5 分表示"非常同意"，4 分表示"同意"，3 分表示"不一定"，2 分表示"不同意"，1 分表示"非常不同意"。问卷分为正向和反向两种意向的题，正向题得分越高表明矿工的个体行为越安全，反向题得分越高表明矿工的个体行为越不安全。量表的构成中还包括被调查人员的基本信息，如年龄、文化程度、工龄等信息。

为了使量表中每一个问题的表述更清晰、简洁，而且使被调查对象不会对问题产生误解，将量表随机发放给 20 名学生及 15 名煤矿员工对其进行现场调查并访谈，了解他们对量表中问题存在的疑惑。根据访谈结果将题项中语义表达不清，容易产生理解偏差的题项进行调整，最终形成矿工个体不安全行为评估初级量表，详见附录Ⅵ。

4.2.3　初级量表的数据分析

以上编制的矿工个体不安全行为评估初级量表中共有 83 个题项，其中个体内在因素分量表有 32 个题项，组织内部因素分量表有 37 个题项，外部环境分量表有 14 个题项。为了对初级量表的结构特性等统计特征进行分析，并验证初级量表的评估效果，进而据此构建矿工个体不安全行为正式量表，研究中对初级量表进行实地发放调研，采集量表数据。

（1）量表发放

问卷调研选取某一地方煤矿的一、二线员工，包括通风、掘进、运输、综采、机电等多个部门。本次调研共发放问卷 200 份，共收回问卷 188 份，剔除无效问卷，有效问卷为 178 份，问卷的回收率为 94%，有效率为 94.7%。问卷的描述性统计情况见表 4.14。

表 4.14　　　　　　　　　问卷的描述性统计

Table 4.14　Descriptive statistics of the questionnaire

特征		人数 / 人	比例 /%
年龄分布	20~25 周岁	33	18.5
	26~30 周岁	47	26.4
	31~40 周岁	58	32.6
	41 周岁以上	40	22.5
学历分布	初中及以下	71	39.9
	高中或中专	60	33.7
	大专	35	19.7
	本科及以上	12	6.7

特征		人数 /人	比例 /%
工龄分布	5 年及以下	85	47.8
	5~10 年	66	37.1
	10 年及以上	27	15.1
健康水平	良好	123	69.1
	一般	45	25.3
	较差	10	5.6

从被调查样本的统计性特征可以看出，样本的整体结构比较合理，被调查人员的年龄、学历、工龄、健康水平的分布情况都比较符合实际。其中，煤矿的一、二线员工以中、青年劳动者为主，学历水平普遍集中于中等文化程度以下，员工的工龄多数在 10 年以下，员工的健康水平整体呈现比较良好的状态。

（2）反向题目转换

由于在设计量表时里面存在正反两种意向的题目，所以在进行量表的综合指标的分数和项目分析时需要将其中的反向题目的计分方式进行转换，最终使所有题目的计分方式保持一致。在以上构建的三个分量表当中，反向题目分别为个体内在因素分量表中的第 2、4~8、10、14、17~21 题，组织内部因素分量表中的第 27、28 题，外部环境因素分量表中的 1~6、8~10、12、13 题。利用 SPSS 软件将以上反向题目的选项调整为"非常不同意"计 5 分，"不同意"计 4 分，"不一定"计 3 分，"同意"计 2 分，"非常同意"计 1 分。

（3）量表的项目分析与题项筛选

项目分析的主要目的在于检验编制的量表或测验个别题项

的适切或可靠程度，项目分析的检验就是探究高、低分的受试者在每个题项的差异或进行题项间同质性检验，项目分析结果可作为个别题项筛选或修改的依据。为了得知测验的可行性与适切性，常会分析测验的难度、鉴别度与诱答力，而针对本研究的量表只从鉴别度的角度对其进行分析，检验量表对被试者的区分度。

通过项目分析对量表进行项目筛选通常采用两种方法，即鉴别指数法和积差相关法。鉴别指数法是根据量表中各个项目的决断值（简称 CR 值）来验证项目的鉴别度。决断值又称临界比，它是根据测验得分区分出高分组与低分组后，再求高、低分组在每个条目的平均差异。具体方法是分别求出上述构建的三个量表的总得分，按照从高到低的顺序进行排列，分别得到前 27% 的高分组和后 27% 的低分组，然后再分别求出两组被试者在每个项目上的平均得分，并进行独立样本 T 检验来检验高、低分组受试者在各项目平均数上的差异，看高分组的得分是否明显高于低分组的得分。如果某个项目的 CR 值差异没有统计学意义（ $P<0.05$ ），即差异性不显著，则表明该项目不具备鉴别不同被试者的反应程度的能力，应予以删除。

积差相关法是以皮尔逊积差相关公式计算出某一题目得分与测验总得分或效标分数的相关系数来作为区分度指标。当项目和试题总分都采用连续分数计分时，可用积差相关法来计算项目的区分度。测量学家伊贝尔认为，试题的区分度在 0.4 以上表明此题的区分度很好，在 0.3~0.39 之间表明此题的区分度较好，在 0.2~0.29 之间表明此题的区分度不太好且需要修改，在 0.19 以下表明此题的区分度不好且应淘汰。

根据以上两种方法的基本原理，通过 SPSS 软件进行分析和计算，利用鉴别指数法得到每个量表中每个项目的 T 检验结果，表明在个体内在因素分量表中的第 16 题（$P=0.347>0.05$）和组织内部因素分量表中的第 15 题（$P=0.100>0.05$）的 CR 值未达到显著性水平，应予以删除，见表 4.15。利用积差相关法得到每一题项总分与对应分量表总分相关系数，见表 4.16，表明在个体内在因素分量表中的第 15 题（0.209）和组织内部因素分量表中的第 18 题（0.256）、第 19 题（0.178）对应的相关系数小于 0.3，应予以删除。因此，共删除 5 个题项，矿工个体不安全行为评估初级量表剩余 78 个题项。

表 4.15 量表高分组和低分组对每一题项的平均分差异 T 检验结果
Table 4.15 T-test results of each item's average score difference of high score group and low score group of the questionnaire

题项	方差齐性的 levene 检验 Sig.	均值相等的 T 检验 Sig.	题项	方差齐性的 levene 检验 Sig.	均值相等的 T 检验 Sig.	题项	方差齐性的 levene 检验 Sig.	均值相等的 T 检验 Sig.
分量表一			9	0.000	0.000	18	0.372	0.025
1	0.102	0.000	10	0.000	0.000	19	0.000	0.000
2	0.001	0.000	11	0.400	0.030	20	0.000	0.000
3	0.123	0.004	12	0.000	0.000	21	0.063	0.033
4	0.033	0.000	13	0.000	0.000	22	0.004	0.001
5	0.000	0.000	14	0.487	0.005	23	0.089	0.015
6	0.425	0.032	15	0.081	0.093	24	0.747	0.023
7	0.001	0.012	16	0.105	0.347	25	0.001	0.000
8	0.609	0.005	17	0.000	0.000	26	0.000	0.000

续表

题项	方差齐性的 levene 检验 Sig.	均值相等的 T 检验 Sig.	题项	方差齐性的 levene 检验 Sig.	均值相等的 T 检验 Sig.	题项	方差齐性的 levene 检验 Sig.	均值相等的 T 检验 Sig.
27	0.000	0.000	14	0.020	0.001	34	0.094	0.000
28	0.003	0.004	15	0.000	0.100	35	0.000	0.000
29	0.000	0.000	16	0.006	0.000	36	0.030	0.002
30	0.000	0.000	17	0.000	0.000	37	0.000	0.000
31	0.000	0.000	18	0.012	0.030	分量表三		
32	0.844	0.004	19	0.055	0.001	1	0.004	0.000
分量表二			20	0.002	0.010	2	0.000	0.000
1	0.002	0.019	21	0.000	0.000	3	0.321	0.003
2	0.037	0.000	22	0.344	0.000	4	0.000	0.000
3	0.289	0.001	23	0.002	0.000	5	0.031	0.000
4	0.011	0.002	24	0.001	0.000	6	0.000	0.000
5	0.000	0.000	25	0.001	0.000	7	0.000	0.000
6	0.000	0.000	26	0.000	0.000	8	0.000	0.000
7	0.000	0.000	27	0.760	0.010	9	0.900	0.033
8	0.000	0.000	28	0.001	0.000	10	0.000	0.000
9	0.000	0.000	29	0.100	0.003	11	0.000	0.000
10	0.000	0.000	30	0.000	0.000	12	0.000	0.000
11	0.101	0.002	31	0.000	0.000	13	0.000	0.000
12	0.003	0.000	32	0.000	0.000	14	0.071	0.005
13	0.000	0.000	33	0.000	0.000			

表 4.16　　各题项总分与分量表总分的相关性分析

Table 4.16　Correlation analysis of each item's total score and subscales' total score

题项	相关系数	题项	相关系数	题项	相关系数
分量表一		21	0.632	8	0.688
1	0.589	22	0.600	9	0.537
2	0.530	23	0.530	10	0.464
3	0.403	24	0.417	11	0.363
4	0.310	25	0.385	12	0.467
5	0.368	26	0.555	13	0.593
6	0.502	27	0.430	14	0.659
7	0.430	28	0.479	16	0.566
8	0.600	29	0.500	17	0.606
9	0.465	30	0.566	18	0.256
10	0.675	31	0.701	19	0.178
11	0.701	32	0.760	20	0.388
12	0.734	分量表二		21	0.499
13	0.533	1	0.390	22	0.464
14	0.622	2	0.485	23	0.589
15	0.209	3	0.612	24	0.717
17	0.488	4	0.637	25	0.555
18	0.645	5	0.715	26	0.531
19	0.771	6	0.648	27	0.607
20	0.512	7	0.543	28	0.614

题项	相关系数	题项	相关系数	题项	相关系数
29	0.477	37	0.469	7	0.707
30	0.600	分量表三		8	0.505
31	0.710	1	0.601	9	0.573
32	0.777	2	0.669	10	0.531
33	0.643	3	0.541	11	0.489
34	0.504	4	0.567	12	0.512
35	0.532	5	0.533	13	0.605
36	0.636	6	0.605	14	0.552

4.2.4　初级量表结构的因子分析

为探明初级量表的潜在因子结构，对初级量表中的各分量表分别进行探索性因子分析。探索性因子分析的目的在于找出量表的潜在结构，减少题项的数目，使其变为一组较少而彼此相关较大的变量。其基本思想是通过观测变量之间的相关性的大小对其分组，使得各组内的观测变量的相关性较高，不同组之间的观测变量相关性较低，每组观测变量代表一种基本结构，并可以用这些变量的潜在公共因子来表示。

通过对各分量表的探索性因子分析，对公共因子中所包含的不恰当的题项和无法命名的公共因子及其题项进行删除，然后对各分量表再次进行因子分析。

（1）个体内在因素分量表的探索性因子分析

1）取样适当性检验

在进行探索性因子分析之前要对所取样本进行适当性检验，

确定样本是否适合进行因子分析。采用的检验方法主要是 KMO 检验和 Bartlett 球形检验。KMO 是 Kaiser-Meyer-Olkin 的取样适当性量数，其值变化范围为 0~1。KMO 值越接近 1，表示变量间的公共因子越多，变量间的偏相关系数越低；当 KMO 值过小时，表示变量偶对之间的相关不能被其他变量解释，进行因子分析不合适。根据 Kaiser 在 1974 年给出的 KMO 的检验标准，当 KMO>0.9 时，极适合进行因子分析；当 0.8<KMO<0.9 时，适合；0.7 时表示尚可；0.6 时表示不太适合；0.5 以下表示非常不适合。Bartlett 球形检验的目的在于检验零假设"相关矩阵是一个单位矩阵"和备择假设"相关矩阵是一个单位矩阵"何者成立。若检验结果的 Sig. 值 <0.05，就要拒绝零假设而接受备择假设，表示相关矩阵不是单位矩阵，代表总体的相关矩阵中有公共因子存在，适合进行因子分析。如果 Sig. 值 ≥ 0.05，表示相关矩阵是单位矩阵，数据不适合进行因子分析。

个体内在因素分量表的样本数据进行 KMO 检验和 Bartlett 球形检验的结果见表 4.17。从表中可知，KMO 值为 0.801，表明适合进行因子分析。Bartlett 球形检验的卡方值为 2 748.953，显著性概率值 P=0.000<0.05，达到 0.05 的显著性水平，因此变量之间存在公共因子，适合进行因子分析。

表 4.17　　　　　KMO 与 Bartlett 球形检验
Table 4.17　　　　KMO and Bartlett sphere test

Kaiser-Meyer-Olkin 取样适当性量数		0.801
Bartlett 球形检验	近似卡方分布	2 748.953
	df	496
	Sig.	0.000

2）因子的抽取及命名

在抽取公共因子时，按照因子分析的一般原则，即选取因子的特征值大于或等于1；保证所抽取的公共因子均可以命名；公共因子包含的题项数目在三个以上。抽取公共因子的方法采用主成分分析法和转轴法（最大变异法），因子分析时系数显示方式选择依因子负荷的大小顺序排列，且小于0.40的载荷均不显示。

采用主成分分析法提取量表的公共因子，提取特征值大于1的公共因子共有9个，累计方差贡献率为65.306%。旋转后的成分矩阵见表4.18。从表中可以看出，抽取的第8个和第9个公共因子都只包含一个题项，层面所包含的题项数太少无法显示公共因子所代表的意义，因此将这两个因子删除，即删除第20题和第25题。第20题为"每个月总有几天心情不好，导致状态不佳，工作中容易疲劳和健忘"。第25题为"我认为工作单位的各方面做得都很好，我对自己的工作很满意"。删除两题后，个体内在因素分量表剩余28个题项。

表4.18　个体内在因素分量表项目主成分旋转后的因子载荷矩阵
Table 4.18　Factor loading matrix after the principal component rotation of individual intrinsic factor subscale's items

	成分								
	1	2	3	4	5	6	7	8	9
8	0.819								
7	0.750								
6	0.726								
5	0.681								
3	0.628								

	成分								
	1	2	3	4	5	6	7	8	9
9	0.586								
4		0.887							
2		0.728							
14		0.715							
10		0.700							
1		0.689							
21			0.886						
17			0.837						
18			0.754						
19			0.631						
26				0.945					
28				0.834					
27				0.812					
31				0.701					
13					0.893				
11					0.843				
12					0.605				
24						0.617			

	成分								
	1	2	3	4	5	6	7	8	9
22						0.552			
23						0.544			
29							0.861		
30							0.772		
32							0.690		
20								0.847	
25									0.599
特征值	6.752	2.535	1.954	1.657	1.562	1.457	1.371	1.283	1.021
方差贡献率%	22.508	8.450	6.513	5.524	5.205	4.858	4.569	4.276	3.403

量表的题项删除后，因子结构也会有所改变，因此需要对删除题项后的量表重新进行因子分析，以进一步确定量表的因子结构。同样采用主成分分析法和最大变异法进行旋转，得到特征值大于 1 的因子共 7 个，同时根据碎石图检验的结果（见图 4.2）可知，在第 8 个因子之后曲线变得比较平缓，因此保留公共因子数为 7 个比较适宜。7 个公共因子累计解释所有变量的 60.363% 的变异量，见表 4.19，已达到 60% 以上，表明通过因子分析抽取的公共因子比较理想。

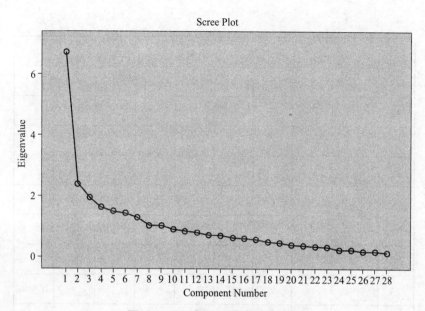

图 4.2　28 个题项的因子碎石图

Fig.4.2　Factors gravel figure containing 28 items

表 4.19　　个体内在因素分量表的因子解释总变异量

Table 4.19　Total variance that the factors of individual intrinsic factors subscale explain

因子	初始特征值			提取平方和负荷量			旋转平方和负荷量		
	总和	方差的 %	累积 %	总和	方差的 %	累积 %	总和	方差的 %	累积 %
1	6.729	24.031	24.031	6.729	24.031	24.031	5.031	17.967	17.967
2	2.389	8.533	32.564	2.389	8.533	32.564	2.395	8.554	26.521
3	1.939	6.925	39.489	1.939	6.925	39.489	2.315	8.267	34.788
4	1.632	5.829	45.318	1.632	5.829	45.318	2.239	7.997	42.785
5	1.506	5.380	50.698	1.506	5.380	50.698	1.814	6.477	49.262
6	1.416	5.059	55.756	1.416	5.059	55.756	1.609	5.745	55.007

因子	初始特征值			提取平方和负荷量			旋转平方和负荷量		
	总和	方差的%	累积%	总和	方差的%	累积%	总和	方差的%	累积%
7	1.290	4.606	60.363	1.290	4.606	60.363	1.500	5.356	60.363
8	0.931	3.682	64.044						
9	0.910	3.576	67.621						
10	0.908	3.243	70.864						
11	0.847	3.024	73.889						
12	0.803	2.867	76.756						
13	0.721	2.577	79.332						
14	0.696	2.487	81.819						
15	0.626	2.237	84.056						
16	0.607	2.166	86.222						
17	0.562	2.006	88.228						
18	0.480	1.714	89.943						
19	0.460	1.644	91.587						
20	0.392	1.399	92.985						
21	0.365	1.302	94.287						
22	0.338	1.208	95.495						
23	0.318	1.137	96.633						
24	0.231	0.824	97.457						
25	0.213	0.762	98.219						
26	0.187	0.669	98.887						
27	0.176	0.629	99.516						
28	0.136	0.484	100.000						

通过最大变异法得到的旋转之后的因子载荷矩阵见表 4.20。从表中可以看出，所抽取的 7 个因子中，每个因子包含题项的载荷均大于 0.40，说明每一个题项与其所归属的因子都比较合理。

结合上文对矿工个体不安全行为影响因素的理论分析及构建量表时的题项设计，对抽取的 7 个因子进行命名。

第一个因子包含 6 个题项，分别为第 3、5、6、7、8、9 题，这 6 个题项主要涉及人的内在情绪、性格、气质等特征，因此将其命名为"性格特质"。第二个因子包含 5 个题项，分别为第 1、2、4、10、14 题，这 5 个题项主要涉及的是人的感知觉、记忆、思维和注意力等方面的状态，因此将其命名为"头脑灵敏性"。第三个因子和第四个因子均包含 4 个题项，第三个因子分别为第 17、18、19、21 题；第四个因子分别为第 26、27、28、31 题。根据题项的共性内涵，将第三个因子命名为"身体状态"，第四个因子中的第 31 题与其他题目含义的差别较大，无法归属为一类，因此将第 31 题删除，该因子命名为"安全知识"。被删除的第 31 题为"我有过处理事故隐患和紧急应对井下突发事件的经历"。第五、六、七个因子均包含 3 个题项，第五个因子分别为第 11、12、13 题；第六个因子分别为第 22、23、24 题；第七个因子分别为第 29、30、32 题。第五个因子命名为"安全态度"，第六个因子命名为"专业操作技能"，第七个因子命名为"危险应对能力"。

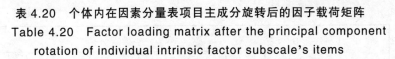

表 4.20　个体内在因素分量表项目主成分旋转后的因子载荷矩阵

Table 4.20　Factor loading matrix after the principal component rotation of individual intrinsic factor subscale's items

	成分						
	1	2	3	4	5	6	7
8	0.802						
7	0.731						
6	0.691						
5	0.651						
3	0.594						
9	0.566						
4		0.857					
2		0.813					
14		0.763					
10		0.699					
1		0.629					
21			0.853				
17			0.781				
18			0.702				
19			0.656				
26				0.927			
28				0.814			
27				0.787			
31				0.731			
13					0.861		

	成分						
	1	2	3	4	5	6	7
11					0.792		
12					0.593		
24						0.824	
22						0.721	
23						0.637	
29							0.886
30							0.789
32							0.633

（2）组织内部因素分量表的探索性因子分析

1）取样适当性检验

对组织内部因素分量表的样本数据进行 KMO 检验和 Bartlett 球形检验，结果见表 4.21。从表中可知，KMO 值为 0.814，表明适合进行因子分析。Bartlett 球形检验的卡方值为 3 103.756，显著性概率值 $P=0.000<0.05$，达到 0.05 的显著性水平，因此变量之间存在公共因子，适合进行因子分析。

表 4.21　　　　KMO 检验与 Bartlett 球形检验
Table 4.21　　　KMO and Bartlett sphere test

Kaiser-Meyer-Olkin 取样适当性量数		0.814
Bartlett 球形检验	近似卡方分布	3 103.756
	df	561
	Sig.	0.000

2）因子的抽取及命名

同样采用主成分分析法来抽取公共因子，得到特征值大于 1 的公因子共有 8 个，累积方差贡献率为 64.265%。通过最大变异法进行旋转之后的因子载荷矩阵见表 4.22。从表中可以看出，第 7 个因子仅包含两个题项，而第 8 个因子包含 1 个题项，均不满足条件，因此删除这两个因子，即删除第 17、27、28 题。第 17 题为"我认为企业制定的安全管理制度合理且符合国家的有关法律法规"。第 27 题为"组织给我安排的工作不适合我，让我感觉压力很大"。第 28 题为"组织给我安排的任务量比较大，让我感觉到工作压力很大"。

表 4.22　组织内部因素分量表项目主成分旋转后的因子载荷矩阵

Table 4.22　Factor loading matrix after the principal component rotation of organizational intrinsic factor subscale's items

	成分							
	1	2	3	4	5	6	7	8
7	0.843							
6	0.812							
3	0.808							
5	0.793							
4	0.785							
8	0.731							
16	0.694							
18	0.603							
30		0.860						
29		0.811						
1		0.771						

续表

	成分							
	1	2	3	4	5	6	7	8
2		0.736						
36		0.739						
37		0.678						
35		0.665						
11			0.915					
10			0.904					
9			0.876					
12			0.845					
13			0.802					
14			0.757					
31				0.869				
33				0.833				
32				0.578				
34				0.534				
23					0.635			
24					0.603			
22					0.520			
21						0.751		
26						0.686		
25						0.633		
27							0.637	
28							0.604	
17								0.863

续表

	成分							
	1	2	3	4	5	6	7	8
特征值	8.810	2.478	1.802	1.419	1.332	1.271	1.126	1.040
方差贡献率%	29.366	8.261	6.007	4.732	4.441	4.237	3.755	3.466

　　删除三个题项后，对组织内部因素分量表剩余的 31 个题项重新进行一次探索性因子分析。抽取特征值大于 1 的公因子共 6 个，并且根据碎石图的结果（见图 4.3）可知，在第 7 个因子之后曲线变得比较平缓，因此保留 6 个公共因子数比较适宜。6 个公共因子累计解释所有变量的 63.919% 的变异量，见表 4.23，表明通过因子分析抽取的公共因子比较理想。

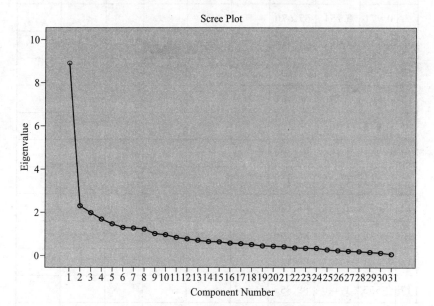

图 4.3　31 个题项的因子碎石图

Fig.4.3　Factors gravel figure containing 31 items

表 4.23　　组织内部因素分量表的因子解释总变异量

Table 4.23　Total variance that the factors of organizational
intrinsic factors subscale explain

因子	初始特征值			提取平方和负荷量			旋转平方和负荷量		
	总和	方差的 %	累积 %	总和	方差的 %	累积 %	总和	方差的 %	累积 %
1	8.911	28.746	28.746	8.911	28.746	28.746	6.045	21.532	21.532
2	2.299	9.416	38.162	2.299	9.416	38.162	2.247	9.248	30.780
3	1.980	8.387	46.549	1.980	8.387	46.549	2.239	9.222	40.002
4	1.688	7.444	53.993	1.688	7.444	53.993	2.138	8.896	48.898
5	1.467	5.732	59.725	1.467	5.732	59.725	2.048	7.607	56.505
6	1.300	4.194	63.919	1.300	4.194	63.919	1.988	7.414	63.919
7	0.971	3.751	67.670						
8	0.920	3.585	71.255						
9	0.901	2.936	74.191						
10	0.867	2.770	76.961						
11	0.843	2.368	79.329						
12	0.777	2.155	81.484						
13	0.711	1.943	83.427						
14	0.652	1.755	85.182						
15	0.638	1.708	86.890						
16	0.581	1.525	88.415						
17	0.555	1.440	89.855						
18	0.517	1.316	91.171						

因子	初始特征值			提取平方和负荷量			旋转平方和负荷量		
	总和	方差的%	累积%	总和	方差的%	累积%	总和	方差的%	累积%
19	0.455	1.118	92.289						
20	0.441	1.072	93.361						
21	0.416	0.991	94.352						
22	0.361	0.814	95.166						
23	0.347	0.770	95.936						
24	0.342	0.754	96.690						
25	0.274	0.535	97.225						
26	0.234	0.404	97.629						
27	0.208	0.670	98.298						
28	0.188	0.607	98.905						
29	0.156	0.503	99.409						
30	0.124	0.401	99.809						
31	0.059	0.191	100.000						

利用最大变异法得到的旋转之后的因子载荷矩阵见表4.24。从表中可以看出，31个题项在所属的因子上的载荷均大于0.40，说明每一个题项的归属都比较合理。接下来结合上文的理论分析及构建量表时的题项设计，对抽取的6个因子进行命名。

第一个因子包含8个题项，分别为第3~8、16、18题，这些题目主要涉及企业的安全教育培训、安全责任落实和安全监督检查等企业的日常安全体制方面的情况，因此可以命名为

"安全体制建设"。第二个因子包含 7 个题项，分别为第 1、2、29、30、35~37 题，题目主要涉及安全文化建设、安全氛围、工友关系等方面，因此可以命名为"组织安全氛围"。第三个因子包含 6 个题项，分别为第 9~14 题，主要关于事故管理和应急救援管理方面的状况，可以命名为"事故及应急管理"。第四个因子包含 4 个题项，分别为第 31~34 题，其中第 32 题与其他题项的同质性不强，予以删除，其他题项主要涉及领导的决断和领导的安全态度，可命名为"领导的安全意识"。被删除的第 32 题为"我觉得我所在部门的领导有较强的领导能力，我愿意听从他的指挥"。第五个因子和第六个因子分别包含 3 个题项，其中第五个因子包含题项为第 22、23、24 题，命名为"工作分配与参与"；第六个因子包含题项为第 21、25、26 题，命名为"沟通与反馈"。

表 4.24　组织内部因素分量表项目主成分旋转后的因子载荷矩阵

Table 4.24　Factor loading matrix after the principal component rotation of organizational intrinsic factor subscale's items

	成分					
	1	2	3	4	5	6
7	0.913					
6	0.896					
3	0.855					
5	0.811					
4	0.793					
8	0.762					
16	0.687					
18	0.654					

续表

	成分					
	1	2	3	4	5	6
30		0.899				
29		0.857				
1		0.832				
2		0.801				
36		0.774				
37		0.617				
35		0.566				
11			0.944			
10			0.895			
9			0.879			
12			0.811			
13			0.793			
14			0.606			
31				0.911		
33				0.864		
32				0.638		
34				0.584		
23					0.858	
24					0.693	
22					0.579	
21						0.877
26						0.747
25						0.652

（3）外部环境分量表的探索性因子分析

1）取样适当性检验

对外部环境因素分量表的样本数据进行 KMO 检验和 Bartlett 球形检验，结果见表4.25。从表中可知，KMO 值为0.856，表明适合进行因子分析。Bartlett 球形检验的卡方值为3 103.756，显著性概率值 $P=0.000<0.05$，达到0.05 的显著性水平，因此变量之间存在公共因子，适合进行因子分析。

表 4.25　　　　　KMO 检验与 Bartlett 球形检验
Table 4.25　　　　KMO and Bartlett sphere test

Kaiser−Meyer−Olkin 取样适当性量数		0.856
Bartlett 球形检验	近似卡方分布	3 103.756
	df	561
	Sig.	0.000

2）因子的抽取及命名

采用主成分分析法抽取公因子得到特征值大于1的因子共有3个，3个因子的累积方差贡献率为64.936%，见表4.26。

表 4.26　　外部环境因素分量表的因子解释总变异量
Table 4.26　Total variance that the factors of external environmental factors subscale explain

因子	初始特征值			提取平方和负荷量			旋转平方和负荷量		
	总和	方差的 %	累积 %	总和	方差的 %	累积 %	总和	方差的 %	累积 %
1	6.567	46.907	46.907	6.567	46.907	46.907	3.933	28.093%	28.093

续表

因子	初始特征值			提取平方和负荷量			旋转平方和负荷量		
	总和	方差的 %	累积 %	总和	方差的 %	累积 %	总和	方差的 %	累积 %
2	1.401	10.007	56.914	1.401	10.007	56.914	2.856	20.400%	48.493
3	1.123	8.021	64.936	1.123	8.021	64.936	2.302	16.443%	64.936
4	0.716	5.114	70.050						
5	0.668	4.771	74.821						
6	0.599	4.279	79.100						
7	0.543	3.879	82.979						
8	0.481	3.436	86.414						
9	0.449	3.207	89.621						
10	0.398	2.843	92.464						
11	0.327	2.336	94.800						
12	0.288	2.057	96.857						
13	0.245	1.750	98.607						
14	0.195	1.393	100.000						

　　同时结合碎石图的结果（见图4.4），从图中可以看出，在第三个因子之后，曲线变得非常平缓，表示没有特殊因子值得抽取，因而保留三个因子较为适宜。

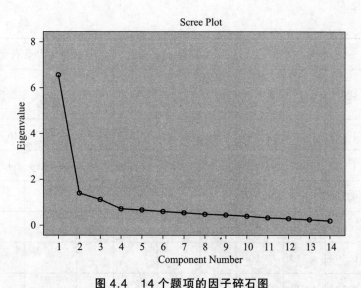

图 4.4　14 个题项的因子碎石图
Fig.4.4　Factors gravel figure containing 14 items

　　采用最大变异法进行直交转轴，旋转后的因子载荷矩阵见表 4.27。14 个题项在所属因子上的载荷均大于 0.4，因此每一个题项及其所归属的因子都比较合理。每个因子所包含的题项数目均大于 3，因此每一个公因子都具有实际意义。

表 4.27　外部环境因素分量表项目主成分旋转后的因子载荷矩阵
Table 4.27　Factor loading matrix after the principal component rotation of external environment factor subscale's items

	成分		
	1	2	3
4	0.896		
2	0.855		
3	0.801		
1	0.777		

续表

	成分		
	1	2	3
5	0.648		
6	0.512		
9		0.932	
8		0.908	
10		0.767	
7		0.605	
11			0.845
12			0.811
13			0.728
14			0.634

根据每个因子所包含题项的含义对其进行命名。第一个因子包含 6 个题项，为第 1~6 题，主要涉及矿井下的温度、噪声、湿度、粉尘、照明等物理因素，因此可以命名为"工作的物理环境"。第二个因子包含 4 个题项，为第 7~10 题，主要涉及工作紧迫性、工作时间、工作强度及工作单调性等状况，可命名为"工作性质"。第三个因子包含 4 个题项，为第 11~14 题，主要涉及生活事件、社会人际关系和家庭关系等状况，可命名为"社会因素"。

4.2.5　正式量表的确定

（1）正式量表的构成

根据上文对矿工个体不安全行为评估初级量表的分析及题项筛选，确定最终的正式量表共有题项 71 个，其中个体内在因素分量表包含 27 个题项，组织内部因素分量表包含 30 个题项，外部环境因素分量表包含 14 个题项。正式量表的所有项目见附录Ⅶ。

（2）正式量表的信度分析

量表的信度是指其所测结果的一致性或稳定性。在李克特态度量表中常用的信度检验方法为 Cronbach' α 系数及折半信度。对正式量表分别应用这两种方法进行信度检验。

1）Cronbach' α 系数

Cronbach' α 系数属于内部一致性信度的一种，α 系数越高，代表量表的内部一致性越佳。α 系数介于 0 至 1 之间，如果 α 系数不超过 0.6，一般认为内部一致性信度不足；达到 0.7~0.8 时表示量表具有相当的信度，达到 0.8~0.9 时说明量表信度非常好。对正式量表及其所包含的三个分量表分别计算 α 系数，结果见表 4.28。

表 4.28　　正式量表及其包含的各分量表的 α 系数
Table 4.28　α coefficient of the formal scale and each subscale it contains

	Cronbach's α 值	基于标准化项的 Cronbach's α 值	项数
个体内在因素分量表	0.737	0.746	27
组织内部因素分量表	0.773	0.763	30
外部环境因素分量表	0.713	0.712	14
正式量表	0.880	0.891	71

从表中可以看出，正式量表的 α 系数为 0.880，表明整个量表的信度非常好，而三个分量表的 α 系数均在 0.7 以上，其中组织内部因素分量表的 α 系数最高（0.773），外部环境因素分量表的 α 系数最低（0.713），但均具有较好的信度。

2）折半信度

折半信度是将一份测验或量表依奇数题或偶数题分成两个

次量表或次测验，或依据题项的排序将前半部题项与后半部题项分割成两个部分，然后再求出两个次量表的相关系数。由于折半信度只是使用半分测验的信度而已，它通常会降低原来试题长度的测验信度，因此，为了能够评估原来试题长度的信度，必须使用斯皮尔曼—布朗（Spearman–Brown）公式加以修正。修正后的折半信度一般要求大于 0.7。其求法为：

$$整个测验得分的信度 = \frac{两个半分测验的相关系数 \times 2}{两个半分测验的相关系数 +1}$$

以下利用奇偶分半法分别求出正式量表和各分量表的折半信度系数，见表 4.29。由表可知，各分量表及正式量表的折半信度系数均大于 0.7，说明量表具有较好的信度，量表所测结果具有较高的稳定性和一致性。

表 4.29　正式量表及其包含的各分量表的折半信度系数
Table 4.29　Split–half reliability coefficient of the formal scale and each subscale it contains

	个体内在因素分量表	组织内部因素分量表	外部环境因素分量表	正式量表
折半信度系数	0.823	0.845	0.737	0.862

（3）正式量表的效度分析

效度即有效性，是指测量工具或手段能够准确测出所需测量的事物的程度。通常量表的效度检验分别从内容效度和结构效度两个角度来衡量。

1）内容效度

根据上文分析可知，该量表的题项设计均经过专家进行评定和筛选，且量表的维度设计均基于一定的理论基础和实践调查。根据对各分量表的项目分析和因子分析，明确了各分量表的因子结构并对鉴别度不高的题项及无法命名的因子进行删除，从而保证量表整体的结构及题项所测内容与理论构想具有较高的一致性。因此，可以认为矿工个体不安全行为评估正式量表具有合适的内容效度。

2）结构效度

对正式量表的结构效度检验主要是验证其内部各分量表之间的一致性和区分度，并对整个量表进行验证性因子分析。

①量表的内部结构检验

量表内部各分量表之间的一致性的验证主要是通过分析各分量表与总量表之间的相关性来实现的。利用 SPSS 软件计算各分量表与总量表的相关性系数，结果见表 4.30。由表可知，各分量表与总量表的相关性系数均在 0.7 以上，且在 0.01 水平上显著相关，说明量表有较好的内部一致性。

表 4.30 　　　　　　　各分量表与总量表的相关性

Table 4.30　Correlation between each subscale and the total scale

	个体内在因素分量表	组织内部因素分量表	外部环境因素分量表
相关系数	0.763**	0.845**	0.711**

**.$P<0.01$

各分量表的内部区分度情况可以通过计算各分量表之间的相关性来得到，各分量表之间具有中等程度的相关性比较合适，如果相关过高，说明各分量表的维度之间有重合，如果相关过低，则说明因素方向不一致。各分量表之间的相关性见表 4.31。由表可知，各分量表之间的相关系数为 0.4~0.7，均为中等程度的相关，且达到显著性水平（$P<0.01$），说明各分量表之间既相互独立，又存在内在联系，具有较好的区分度。

表 4.31　　　　　　　各分量表之间的相关性

Table 4.31　Correlation between different subscales

	个体内在因素分量表	组织内部因素分量表	外部环境因素分量表
个体内在因素分量表	1		
组织内部因素分量表	0.614**	1	
外部环境因素分量表	0.535**	0.463**	1

**.P<0.01

②验证性因子分析

根据上文各分量表的探索性因子分析结果构建正式量表的验证性因子分析模型如图 4.5 所示，利用最大似然法对矿工个体不安全行为评估量表进行验证性因子分析。

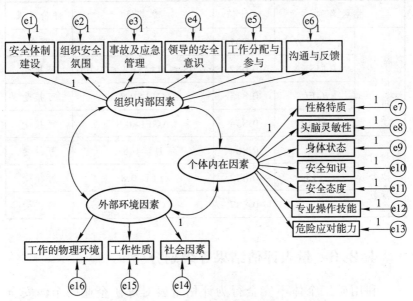

图 4.5　矿工个体不安全行为评估量表结构模型

Fig.4.5　Structural model of miners' individual unsafe behaviors assessment scale

通过 AMOS 软件计算模型的拟合指数，结果见表 4.32。模型拟合指数是考察理论结构模型对数据拟合程度的统计指标。不同类别的模型拟合指数可以从模型复杂性、样本大小、相对性与绝对性等方面对理论模型进行度量。从表中可以看出，模型的 χ^2 统计值为 1.731，符合参考标准；RMSEA 指数为 0.062，GFI 指数为 0.815，AGFI 指数为 0.834，根据参考值可知绝对拟合指数达到可接受的范围；IFI 指数为 0.864，TLI 指数为 0.842，CFI 指数为 0.887，表明相对拟合指数达到可接受的范围。因此，该模型拟合程度较好，即说明整个量表的因子结构比较合理。

表 4.32　　　　　　　模型拟合指数
Table 4.32　　　　　　Model fitting index

指数名称		统计值	参考值	评价结果
绝对拟合指数	χ^2（卡方）	1.731	≤ 3	符合
	RMSEA	0.062	$0.05 \leq RMSEA \leq 0.08$	可接受
	GFI	0.815	GFI>0.8	可接受
	AGFI	0.834	AGFI>0.8	可接受
相对拟合指数	IFI	0.864	IFI>0.8	可接受
	TLI	0.842	TLI>0.8	可接受
	CFI	0.887	CFI>0.8	可接受

4.2.6　量表评估结果等级划分

利用矿工个体不安全行为评估量表对煤矿企业的个体安全行为水平进行评估，需要对评估所得的分数进行处理，然后对个体安全行为水平进行等级划分。首先对评估结果进行以下几个方面的处理：每一个题目根据李克特五级量表赋分法对被试者的答案给予 1~5 之间对应的分数；对问卷中反向题目的选项进行转换；求得被试者在每一个题项上的平均分。

　　本研究设计的矿工个体不安全行为评估量表包括个体内在因素、组织内部因素及外部环境因素三个分量表，各分量表根据因子分析可知均包括若干个因子，因此，为了能够相互间进行比较，在分析评估结果时应该将各因子的得分进行标准化，本研究采用因子包含题项总分除以题项数目的形式。然后利用同样的方式计算出各分量表的标准化得分及总量表的标准化得分。具体计算形式见表 4.33。

表 4.33　　　　　　量表评估结果计算形式

Table 4.33　Calculation form of the scale's assessment results

个体内在因素分量表（A）				
因子	包含题项	每一个题项的平均分	题项数目（N）	标准化得分
性格特质	A3、A5、A6、A7、A8、A9	a_3、a_5、a_6、a_7、a_8、a_9	6	$P1=\dfrac{a_3+a_5+a_6+a_7+a_8+a_9}{6}$
头脑灵敏性	A1、A2、A4、A10、A14	…	5	P2
身体状态	A15、A16、A17、A18	…	4	P3
安全知识	A22、A23、A24	…	3	P4

续表

个体内在因素分量表（A）				
因子	包含题项	每一个题项的平均分	题项数目（N）	标准化得分
安全态度	A11、A12、A13	……	3	P5
专业操作能力	A19、A20、A21	……	3	P6
危险应对能力	A25、A26、A27	……	3	P7
$$P_A = \frac{P_1+P_2+P_3+P_4+P_5+P_6+P_7}{7}$$				

组织内部因素分量表（B）				
因子	包含题项	每一个题项的平均分	题项数目（N）	标准化得分
安全体制建设	B3~B8、B15、B16	b_3、b_4、b_5、b_6、b_7、b_8、b_{15}、b_{16}	8	$P8 = \dfrac{b_3+b_4+b_5+b_6+b_7+b_8+b_{15}+b_{16}}{8}$
组织安全氛围	B1、B2、B23、B24、B28、B29、B30	……	7	P9
事故及应急管理	B9~B14	……	6	P10

组织内部因素分量表（B）				
因子	包含题项	每一个题项的平均分	题项数目（N）	标准化得分
领导的安全意识	B25、B26、B27	…	4	P11
工作分配与参与	B18、B19、B20	…	3	P12
沟通与反馈	B17、B21、B22	…	3	P13
$P_B = \dfrac{P_8 + P_9 + P_{10} + P_{11} + P_{12} + P_{13}}{6}$				
外部环境因素分量表（C）				
因子	包含题项	每一个题项的平均分	题项数目（N）	标准化得分
安全体制建设	C1~C6	c_1、c_2、c_3、c_4、c_5、c_6	6	$P14 = \dfrac{c_1 + c_2 + c_3 + c_4 + c_5 + c_6}{6}$
组织安全氛围	C7~C10	…	4	P15
事故及应急管理	C11~C14	…	4	P16
$P_c = \dfrac{P_{14} + P_{15} + P_{16}}{3}$				
总量表的标准化得分：$P = \dfrac{P_A + P_B + P_C}{3}$				

标准化后各因子、分量表及总量表的得分范围均为 1~5 分，分数越高，表明个体安全行为水平越高。根据标准化的得分，本研究将得分范围分为 4 个等级，见表 4.34。

表 4.34　　　　　　量表评估结果等级划分

Table 4.34　Grading classification of the scale's assessment results

序号	等级	分数范围	描述
1	优秀	4~5	矿工的个体安全行为水平非常高
2	良好	3~4	矿工的个体安全行为水平较高
3	一般	2~3	矿工的个体安全行为水平有待提高
4	较差	1~2	矿工的个体安全行为水平很低

第五章
煤矿安全管理行为干预措施

基于前两章对煤矿安全管理行为作用机理及评估方法的研究，本章将研究煤矿安全管理行为的干预措施，分别从组织行为干预、个体行为干预以及整体干预的角度进行分析并构建干预方法关系结构，采用系统动力学建模的方法对干预效果进行分析。

5.1
不安全行为干预方法关系分析

本部分将从安全管理、工作环境、组织安全氛围方面，构建煤矿员工不安全行为组织干预系统，分析组织干预对煤矿员工不安全行为干预作用关系；在不安全心理、不安全生理、个体安全技能方面，建立煤矿员工不安全行为个体干预系统，明确个体干预方法对不安全行为的影响关系。

5.1.1　组织干预方法结构分析

组织干预，顾名思义就是在组织层面上对煤矿员工采取一定的干预控制措施，对煤矿员工的不安全行为从管理上直接或者间接产生影响，减少人因事故，降低损失，提升煤矿的生产和安全效益。组织干预系统分为安全管理干预子系统、工作环境干预子系统、组织安全氛围子系统，下面从这三方面对组织干预方法的结构进行分析。

（1）安全管理

安全管理是指煤矿通过利用各种财力、物力和其他各种资源对煤矿的生产活动进行安全方面的管理，从而有效减少或者避免生产作业中可能出现的安全事故。安全管理的目的是控制人的行为和物的状态，阻断事故致因链，避免不安全行为的产生，从而减少人因事故的产生。当安全管理水平较高时，生产活动中的安全隐患将会极大减少，作业过程将会正常进行。而当安全管理存在较大缺陷时，安全管理制度、安全监督检查等方面很可能出现问题，进而引发事故的发生。

如果安全管理中存在不安全因素，煤矿员工的行为会受到直接或者间接的影响，从而增大不安全行为的发生概率。为了降低煤矿员工不安全行为的发生，增强组织的安全管理水平，应该主要在健全安全管理制度、安全检查与监督、安全行为落实、员工参与管理、提升管理者素质、安全奖惩和应急水平等方面进行干预。安全管理干预方法关系结构如图5.1所示。

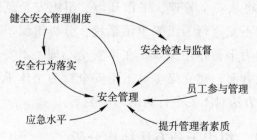

图5.1　安全管理干预方法关系结构

Fig.5.1　Safety management intervention method relative constructions

（2）工作环境

由于煤矿生产在矿井下进行，需要作业者长期在地下的黑暗环境中，作业条件非常艰苦，与一般工作环境相比有较大的差异。井下工作需要面对狭小的作业空间、潮湿的气候、粉尘、机械噪声、灯光照明等，已有众多研究表明，煤矿井下恶劣的生产环境会显著影响矿工的行为[101]。加强工作环境的安全检查和监督工作，改善作业物理环境，有利于及时识别和控制危险因素，减少不安全行为的产生。井下工作需要接触大量的机械设施，因此，设备条件的可靠性非常重要。设备自身老化或者存在缺陷未及时维护都会对安全生产行为造成负面影响。

为了降低工作环境对煤矿员工不安全行为的影响，主要在物理环境和机械设备两方面进行干预，采用增大安全投入、危险源识别与控制、设备更新维护、引进先进技术、个体安全防护、增强人机系统可靠性等干预方法，改善工作环境的安全性。工作环境干预方法关系结构如图 5.2 所示。

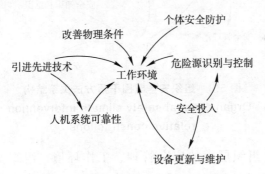

图 5.2　工作环境干预方法关系结构
Fig.5.2　Working conditions intervention method relative constructions

（3）组织安全氛围

对于组织安全氛围，众多专家学者进行了深入研究，证实组织安全氛围是影响员工不安全行为的主要原因。大量研究表明，管理层的安全态度是建立良好组织安全氛围的前提。煤炭企业管理层掌握着煤矿各项资源的调配，他们对安全的重视与否，必然会对煤矿安全氛围的构建有着重大影响。煤矿教育与培训有助于提升煤矿员工的安全知识和能力，促进养成良好的安全意识，减少不安全行为的发生。同时，构建良好的组织安全氛围需要煤矿员工多参与安全活动、交流安全体会。

　　组织安全氛围的构建需要管理层和员工的沟通与反馈，针对组织安全氛围的干预，提高组织安全氛围水平，主要在管理层安全态度、安全管理落实、安全教育与培训、安全知识和意识、安全参与和交流等方面进行干预。组织安全氛围干预方法关系结构如图 5.3 所示。

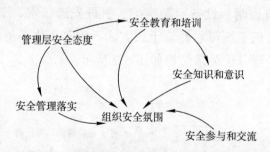

图 5.3　组织安全氛围干预方法关系结构
Fig.5.3　Organizational safety climate intervention method
relative constructions

　　通过对组织层面的安全管理、工作环境、组织安全氛围的干预方法关系结构进行分析，构建出组织干预方法的结构，如图 5.4 所示，明确了组织干预各个方法之间的结构关系，为构建组织干预系统动力学模型提供基础，有利于深入研究组织干预方法对煤矿员工不安全行为的干预效果。

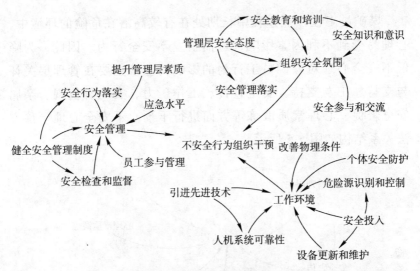

图 5.4 组织干预方法关系结构

Fig.5.4 Organizational intervention method relative constructions

5.1.2 个体干预方法结构分析

煤矿员工不安全行为不仅需要在组织层面上进行干预，还需对煤矿员工个体进行相应干预，降低甚至消除其不安全行为，保障生产安全。针对个体干预方法本论文主要从不安全心理、不安全生理和个体安全技能三个方面进行分析，并对各干预方法的关系结构进行了分析。

（1）不安全心理

研究心理学认为人的认知、情绪、行为等所有基本行为都与人的心理机能有着紧密的联系，许多学者也对心理因素对人的行为的影响进行了深入研究。在工作中，好的心理状态有助于煤矿员工对工作中的不同状况做出正确的处置。如果工人处在较差的心理状态，其认知、判断可能出现一定偏差，进而做出不安全行为，甚至引发事故。

　　煤矿员工在作业过程中长期处在有较高潜在危险的环境中，心理易受到不利因素影响，进而引发不安全行为。因此，为降低不安全心理对煤矿员工行为的影响，应该主要在管理层关怀与支持、工友支持、安全宣传、工作压力、安全价值观、亲属安全督促、心理素质锻炼等方面进行干预。不安全心理干预方法关系结构如图5.5所示。

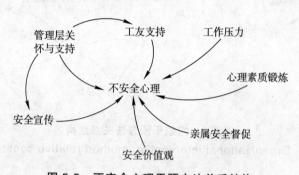

图5.5　不安全心理干预方法关系结构
Fig.5.5　Unsafe psychological intervention method relative
constructions

（2）不安全生理

　　由于煤矿生产作业环境条件复杂，并存在一定的危险性，矿井中环境的温度、照明、噪声等因素会对煤矿员工的生理造成影响，降低其对外界因素的辨识能力，并对行为的可靠性产生影响。同时，瓦斯爆炸等潜在发生的危险会使煤矿员工处于较紧张的状态，易导致生理上疲劳的产生，影响正常的作业活动，加大了不安全行为产生的可能。

　　煤矿员工处在较好的生理状态时，其行为安全性较高。而当煤矿员工生理状态不佳时，可能会导致其注意力不集中，反应迟缓，从而引发不安全行为的产生。因此，为改善煤矿员工的不安全生理因素，应该主要在作业标准化、合理安排生产任务、合理安排作息时间、健康检查、人机匹配性等方面进行干预。不安全生理干预方法关系结构如图 5.6 所示。

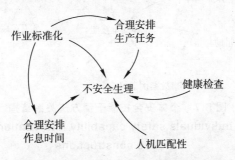

图 5.6　不安全生理干预方法关系结构
Fig.5.6　Unsafe physiological intervention method relative constructions

（3）个体安全技能

煤矿井下生产存在采煤、掘进、供电、通风、运输等多种系统，具有多种工位，任何系统出现问题，都有可能导致事故的发生。通过诸多学者对大量煤矿事故进行分析，煤矿员工的个体安全技能缺乏是重要原因之一。拥有良好的安全技能可以保障作业的安全，减少甚至避免人因事故的发生，同时有利于事故发生后的自救和救助他人。但大多数煤矿员工作业训练并不全面，存在安全理论上的缺陷，会影响他们对潜在风险的认识和处置。为提高煤矿员工提升个体安全技能的积极性，还需对其绩效进行考核，督促个体安全技能的提升。

因此，面对煤矿复杂的生产过程，为了避免人因事故的发生，提升煤矿员工的安全技能，应该主要在作业训练、岗位匹配性、绩效考核、员工选拔淘汰、事故案例学习、应急演练和工友帮助与指正等方面进行干预。煤矿员工个体安全技能干预方法关系结构如图 5.7 所示。

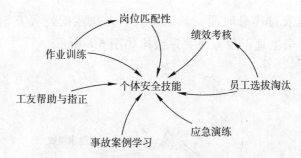

图 5.7 个体安全技能干预方法关系结构

Fig.5.7 Individuals safety capability intervention method relative constructions

（4）个体干预方法结构

经过对不安全心理、不安全生理、个体安全技能等个体层面上干预方法的分析，形成个体干预方法关系结构（见图 5.8），为深入研究个体层面干预方法与煤矿员工不安全行为之间的关系提供了理论基础。

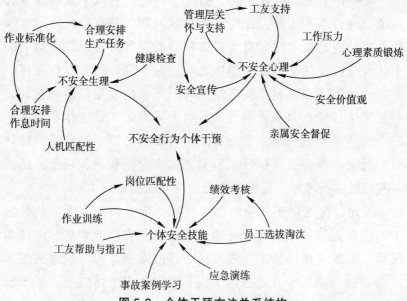

图 5.8 个体干预方法关系结构

Fig.5.8 Individuals intervention method relative constructions

5.1.3　不安全行为干预方法关系结构

通过煤矿员工不安全行为组织和个体干预方法关系结构的分析，构建出煤矿员工不安全行为干预方法关系结构如图5.9所示，由图可直观观察各种干预方法之间的关系。

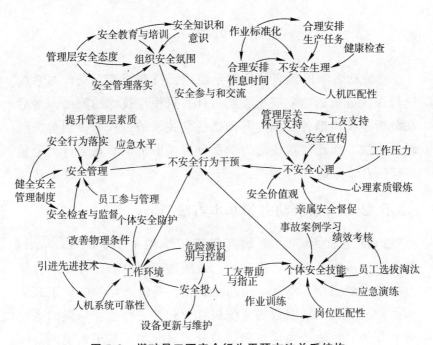

图 5.9　煤矿员工不安全行为干预方法关系结构

Fig.5.9　Coal miner's unsafe behavior intervention method relative constructions

5.2
不安全行为干预系统动力学研究

系统动力学以微观结构和系统内部机制为着手点，对系统进行深入分析后建立模型，通过计算机模拟技术的辅助，然后在分析系统内部各系统与其动态变化关系的过程中得到解决问题的方法。因此，系统动力学是分析煤矿员工不安全行为干预建模的有效工具。

5.2.1 系统动力学基本方法

20世纪50年代，美国麻省理工学院的Jay W. Forrester将信息论、决策理论、控制论、系统理论和电脑模拟相结合提出了系统动力学（System dynamics）。系统动力学擅长于高阶非线性、具有大量变数的系统研究，它是一种过程导向的系统研究方法。系统动力学对问题的分析研究主要基于系统内部结构、物质及信息流动等机制间相互依存的关系，通过对系统行为和内在机制之间关系的分析，构建数学模型对反馈系统进行研究。

系统动力学采用系统演化的方法进行建模，将所确定因素融合到一个回路中，分析系统中各个因素之间的相互反馈关系，通过"回路""信息""决策"等对整个系统进行分析。简而言之，系统动力学是在建立系统结构模型的基础上，利用反馈回路描述系统结构，系统各要素定性关系则采用因果关系图与流图进行描述，最终采用数学方程定量各要素的数学关联，进而运用计算机软件进行仿真模拟。系统动力学分析的过程由定性向定量转化，最终由仿真软件进行模拟。

系统动力学研究所涉及的基本方法如下：

（1）因果关系图。因果关系是系统动力学模型研究的基础，因果关系图则可以将各因素之间的关系定性直观地展示出来。梳理系统中各因素之间的关系有利于流图的绘制，因此，因果关系图一般在系统动力学模型开始阶段绘制。

（2）流图。流图是一种采用图形方式描述系统中各要素之间逻辑关系的方法。对系统中各要素进行因果分析，形成流图，有利于确定系统中各因素反馈关系，为深入研究奠定基础。

（3）关系方程。关系方程是对流图中各因素之间的关系进行定量描述的数学方程，它描述了系统中各因素之间的动态变化规律，为利用仿真软件对系统进行分析提供了基础。

（4）仿真软件。仿真软件是在因果关系图、流图和关系方程构建完成的基础上，对系统动力学数学模型进行仿真和模拟的平台，根据实际情况可以对因果关系、流图和关系方程进行一定调整，对系统进行相应仿真分析。

5.2.2　不安全行为干预系统动力学建模的可行性

应用系统动力学对问题进行分析研究，要辨识系统所具备的特性是否满足系统动力学分析要求。在煤矿生产中，人的行为会与生产过程中的各种因素相关联，且各因素之间相互作用，使人的行为干预变得更加复杂。诱发人的不安全行为的因素随着时间的推移会发生动态变化，不安全行为干预系统中的各项因素也会动态发展。同时，煤矿员工对于干预方法的实施存在一定的抵制，且行为改变需要时间，这会使煤矿员工不安全行为干预系统存在惯性和延迟性。因此，煤矿员工不安全行为干预系统符合系统动力学的特点，可以进行系统动力学分析。

系统动力学是有效分析复杂系统的方法，而煤矿员工不安全行为干预系统是复杂的系统，所以采用系统动力学分析煤矿员工不安全行为干预系统具有一定的优势。

第一，煤矿员工不安全行为干预系统具有涉及因素较多、因果关系复杂、随时间推移动态变化等特点，采用系统动力学的方法可以将系统中各因素进行结构化平行分析，并以全面视角对各个层次进行考虑。在对系统结构化认识的基础上，干预系统中各个因素将得到全面的认识和分析。

第二，系统动力学可对干预系统进行定性和定量相结合的分析。系统中各因素存在定性关系，同时各因素也有定量联系。通过对煤矿员工不安全行为干预系统的特点进行分析，干预方法的研究需要对各因素进行定性和定量的描述，这恰好是系统动力学研究的特点。

第三，系统动力学可以对干预系统进行仿真分析。由于对系统进行干预的效果无法在较短的时间内进行验证，而在实际操作中持续验证的效果也并不理想，因此需要仿真软件进行近似模拟分析。系统动力学研究能够对复杂的动态系统进行仿真，且煤矿员工不安全行为干预系统符合系统动力学研究的特点，在很大程度上简化了干预系统的研究。

由上可知，应用系统动力学研究分析煤矿员工不安全行为干预系统是切实可行的，同时有利于干预系统的优化和完善。

5.3
不安全行为组织干预系统动力学模型构建

5.3.1　安全管理干预系统动力学分析

安全管理是指通过自身的各种资源对生产活动进行管理，避免安全事故的发生。安全生产工作与企业的生存发展紧密相连，为确保每个人都能遵守安全制度，首先需要提升管理层的素质，使其不单纯为利益驱使，使其重视安全问题，并以身作则，为实现安全目标而努力。同时还需要健全安全管理制度，这样不仅有利于安全检查与监督工作的开展，还有利于各项制度的执行，使安全行为及时贯彻落实。提高员工参与管理的热情有利于团队的紧密协作，各员工充分发挥自己的能力有利于处理各种内部问题。此外，应急水平决定煤矿发生事故时的反应能力，良好的应急水平有利于煤矿做出科学的应对，将事故损失降到最低。安全管理干预系统因果关系如图5.10所示。

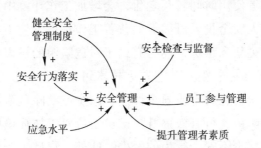

图 5.10　安全管理干预系统因果关系
Fig.5.10　Safety management causal loop diagram

安全管理系统动力学流图如图 5.11 所示。

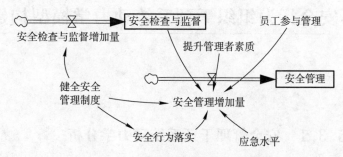

图 5.11　安全管理系统动力学流图
Fig.5.11　Safety management system dynamics stock and flow diagram

状态变量：安全管理；安全检查与监督。

流率变量：安全管理增加量；安全检查与监督增加量。

辅助变量：健全安全管理制度；安全行为落实；应急水平；员工参与管理；提升管理者素质。

5.3.2　工作环境干预系统动力学分析

煤矿生产与一般生产作业存在较大不同，作业现场需要大量机械设施，保证各类设施的安全性显得尤其重要。由于设备自身存在缺陷或者使用时间较长老化，会增加工作环境中的不安全因素。通过增大安全投入可以有效改善工作环境，使不安全的设备得到相应的更新和维护，同时有助于对危险源的辨识和控制，提高工作环境的安全性。引进先进技术可以提升人机系统的可靠性，提高机械设施的本质安全性能，减少或消除危险源。通过加强个体安全防护，可有效提升煤矿员工应对工作环境中不安全因素的能力，减少不安全行为的发生。此外，煤矿生产作业由于需要在井下长期作业，恶劣的物理生产条件会对人的行为造成较大影响，改善照明、噪声、通风等物理条件可以有效改善工作环境。工作环境干预系统因果关系如图 5.12 所示。

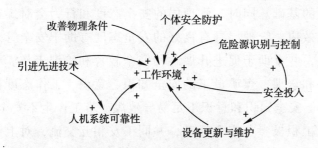

图 5.12　工作环境干预系统因果关系

Fig.5.12　Working conditions causal loop diagram

工作环境系统动力学流图如图 5.13 所示。

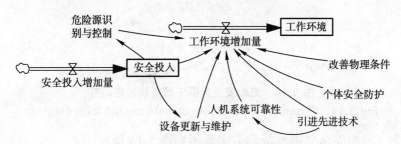

图 5.13　工作环境系统动力学流图

Fig.5.13　Working conditions system dynamics stock and
flow diagram

状态变量：工作环境；安全投入。

流率变量：工作环境增加量；安全投入增加量。

辅助变量：个体安全防护；危险源识别与控制；设备更新与维护；引进先进技术；人机系统可靠性；改善物理条件。

5.3.3　组织安全氛围干预系统动力学分析

大量研究表明，良好的组织安全氛围可有效改善煤矿员工的不安全行为，促进煤矿的安全生产工作。管理层控制煤矿的各种资源，其对待安全的态度是煤矿是否能够建立良好组织安全氛围的基础。同时，管理层的安全态度和行为会对煤矿员工有示范效应。管理层具有良好的安全态度有助于安全管理工作的开展，并有助于促进开展各种安全教育和培训工作。经过安全教育和培训，煤矿员工的安全知识、意识、工作态度都会得到提高。安全知识和意识不足易导致煤矿员工产生不安全行为。煤矿员工积极参与安全活动，并同工友相互交流，对上级就安全问题进行反馈，有利于促进形成良好的组织安全氛围。组织安全氛围干预系统因果关系如图 5.14 所示。

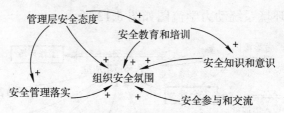

图 5.14　组织安全氛围干预系统因果关系

Fig.5.14　Organizational safety climate causal loop diagram

组织安全氛围系统动力学流图如图 5.15 所示。

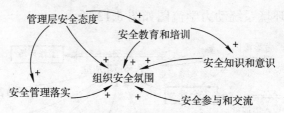

图 5.15　组织安全氛围系统动力学流图

Fig.5.15　Organizational safety climate system dynamics stock and flow diagram

状态变量：组织安全氛围；安全教育与培训。

流率变量：组织安全氛围增加量；安全教育与培训增加量。

辅助变量：安全知识和意识；管理层安全态度；安全管理落实；安全参与和交流。

5.3.4 组织干预系统动力学分析

通过分别对安全管理干预系统、工作环境系统和组织安全氛围系统的分析，结合系统动力学因果反馈原理，得出煤矿员工不安全行为组织干预系统因果关系（见图5.16）。当安全管理水平提高、工作环境得到改善、组织安全氛围不断提升，有助于减少煤矿生产作业中组织不安全因素，煤矿员工的不安全行为将会减少。而当煤矿员工的不安全行为增加时，煤矿管理层对安全重视程度将会提高，会加大安全工作的检查和监督力度，同时会强化安全行为的落实，增大生产工作中的安全投入，全面提升安全管理、工作环境和组织安全氛围。

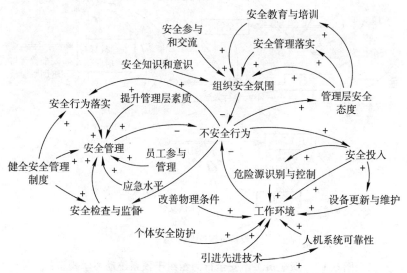

图 5.16 煤矿员工不安全行为组织干预系统因果关系

Fig.5.16 Coal miner's unsafe behavior organizational intervention system causal loop diagram

组织干预系统中因素的因果循环关系如下：

①安全行为落实（安全检查与监督）→ + 安全管理→ – 不安全行为。

②管理层安全态度→ + 安全教育与培训（安全管理落实）→ + 安全氛围→ – 不安全行为。

③管理层安全态度→ + 安全氛围→ – 不安全行为。

④安全投入→ + 危险源识别与控制（设备更新与维护）→ + 工作环境→ – 不安全行为。

⑤安全投入→ + 工作环境→ – 不安全行为。

煤矿员工不安全行为组织干预系统动力学模型如图 5.17 所示。

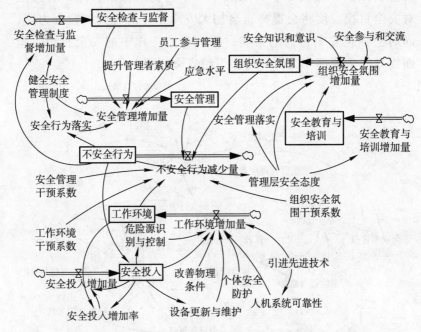

图 5.17　煤矿员工不安全行为组织干预系统动力学模型

Fig.5.17　Coal miner's unsafe behavior organizational
intervention system dynamics model

状态变量：不安全行为；安全管理；工作环境；组织安全氛围；安全检查与监督；安全投入；安全教育与培训。

流率变量：不安全行为减少量；安全管理增加量；工作环境增加量；组织安全氛围增加量；安全检查与监督增加量；安全投入增加量；安全教育与培训增加量。

辅助变量：应急水平；员工参与管理；提升管理者素质；健全安全管理制度；安全行为落实；安全管理干预系数；危险源识别与控制；改善物理条件；个体安全防护；设备更新与维护；人机系统可靠性；引进先进技术；安全投入增加率；工作环境干预系数；管理层安全态度；安全知识和意识；安全参与和交流；安全管理落实；组织安全氛围干预系数。

5.4
不安全行为个体干预系统动力学模型构建

针对影响煤矿员工不安全行为的不安全心理、不安全生理和个体安全技能等个体干预方法，利用系统动力学的方法对各个干预系统中干预方法的作用关系进行分析，得出各个系统的系统动力学流图，进而形成个体干预系统动力学模型。

5.4.1　不安全心理干预系统动力学分析

由于在煤矿生产过程中煤矿员工一直处于潜在危险较高的环境中，各种因素很容易让煤矿员工产生不安全心理，进而可能导致不安全行为的发生。良好的心理需要煤矿管理层、工友和家人给予支持。管理层对煤矿员工给予关怀和支持，可以让煤矿员工体会到管理层对煤矿员工的关心和对安全的重视，同时可以起到模范作用，从而减少不安全心理的产生。在作业过程中得到工友的帮助和支持会使煤矿员工体会到团队的温暖，有利于减少不安全心理因素。安全宣传、心理素质锻炼和安全价值观可以从人的思想上改变不安全心理，可使受到心理伤害的人员得到援助，及时对各种事件有更客观和全面的认识，从而减少不安全心理因素。但是由于存在生产压力等会增加煤矿员工的不安全心理，可能诱发在作业中选取不安全的行为，甚至引发事故。不安全心理干预系统因果关系如图 5.18 所示。

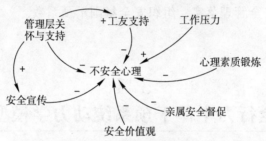

图 5.18　不安全心理因果关系

Fig.5.18　Unsafe psychological causal loop diagram

不安全心理系统动力学流图如图 5.19 所示。

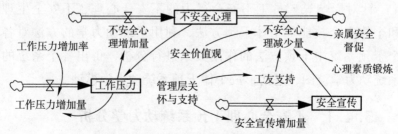

图 5.19　不安全心理系统动力学流图

Fig.5.19　Unsafe psychological system dynamics stock and flow diagram

状态变量：工作压力；不安全心理；安全宣传。

流率变量：不安全心理增加量；不安全心理减少量；安全宣传增加量。

辅助变量：亲属安全督促；管理层关怀与支持；工友支持；安全价值观；心理素质锻炼。

5.4.2 不安全生理干预系统动力学分析

煤矿员工的生理状态不仅会对其行为的可靠性造成影响，同时会对外界的感知能力有一定影响，所以不安全生理状态易导致不安全行为的产生。由于煤矿员工的作业时间一般比较长，且体力消耗较大，容易导致生理上的疲劳，所以需要合理安排生产任务和作息时间，让煤矿员工充分休息，避免疲劳等不安全生理的产生。实现生产作业的标准化和人机匹配，对现有的作业方式给予改进，降低对煤矿员工的生理要求，从而有利于减少不安全生理的产生。煤矿员工应定期进行健康检查，及时消除生理存在的问题，保障身体健康，这是作业过程中不产生生理问题的前提条件。不安全生理干预系统因果关系如图5.20所示。

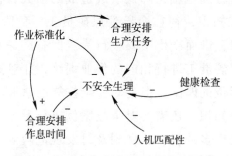

图 5.20 不安全生理干预系统因果关系

Fig.5.20 Unsafe physiological causal loop diagram

不安全生理系统动力学流图如图 5.21 所示。

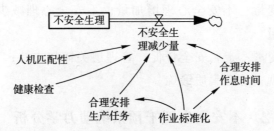

图 5.21　不安全生理系统动力学流图

Fig.5.21　Unsafe physiological system dynamics stock and flow diagram

状态变量：不安全生理。

流率变量：不安全生理减少量。

辅助变量：作业标准化；合理安排生产任务；合理安排作息时间；人机匹配性；健康检查。

5.4.3　个体安全技能干预系统动力学分析

煤矿员工拥有良好安全技能可以有效避免自身失误，及时判别现场可能存在的危险有害因素，当发生事故后可以通过安全技能开展自救和他救，降低事故造成的损失。相反，缺乏专业的安全技能知识，往往会导致煤矿员工对危险的认识不足，不易察觉隐患，进而产生不安全行为。拥有良好的个体安全技能，需要对煤矿员工进行相应的作业训练，并对拥有不同技能的员工进行岗位的匹配。但是对安全技能的掌握不能只依靠作业训练和理论知识，还需要对事故案例进行学习，开展事故应急演练，积累更多的经验，做到及时发现危险源，同时降低自身不安全行为的产生。为促进煤矿员工增加自己安全技能的积极性，开展选拔淘汰和绩效考核，对合格的人员给予适当激励，同时惩罚不符合要求的人员。个体安全技能干预系统因果关系如图 5.22 所示。

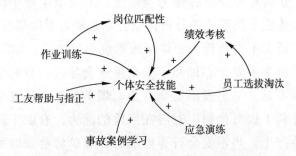

图 5.22　个体安全技能干预系统因果关系

Fig.5.22　Individuals safety capability causal loop diagram

个体安全技能系统动力学流图如图 5.23 所示。

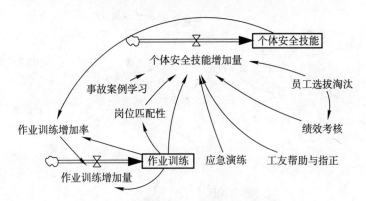

图 5.23　个体安全技能系统动力学流图

Fig.5.23　Individuals safety capability system dynamics stock and flow diagram

状态变量：个体安全技能；作业训练。

流率变量：个体安全技能增加量；作业训练增加量。

辅助变量：作业训练增加率；事故案例学习；岗位匹配性；应急演练；工友帮助与指正；员工选拔淘汰；绩效考核。

5.4.4　个体干预系统动力学分析

通过分别对不安全心理干预系统、不安全生理干预系统和个体安全技能干预系统的分析，结合系统动力学因果反馈原理，得出煤矿员工不安全行为个体干预系统因果关系，如图 5.24 所示。煤矿员工不安全心理和不安全生理会导致自身对危险的辨识和处理不足，易引发不安全行为。煤矿员工个体安全技能的增加，有利于提升他们应对潜在风险的能力，有助于减少不安全行为的产生。当不安全行为增加时，煤矿将会采取加大安全宣传力度的措施来降低个体不安全心理，加大作业训练强度和绩效考核力度，增强煤矿员工提升个体安全技能的积极性，减少不安全行为的产生。个体干预系统因果关系如图 5.24 所示。

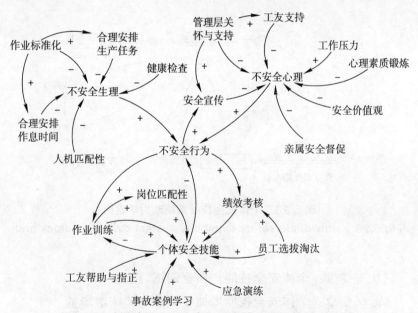

图 5.24　煤矿员工不安全行为个体干预系统因果关系

Fig.5.24　Coal miner's unsafe behavior individuals intervention system causal loop diagram

组织干预系统中因素的因果循环关系如下：

①绩效考核→＋个体安全技能→－不安全行为。

②安全宣传→－不安全心理→＋不安全行为。

③作业训练→＋个体安全技能→－不安全行为。

④作业训练→＋岗位匹配性→＋个体安全技能→－不安全行为。

煤矿员工不安全行为个体干预系统动力学模型如图 5.25 所示。

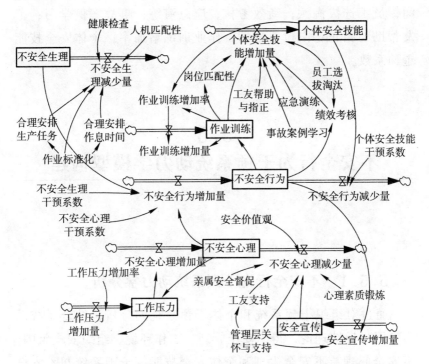

图 5.25　煤矿员工不安全行为个体干预系统动力学模型

Fig.5.25　Coal miner's unsafe behavior individuals intervention system dynamics model

状态变量：不安全行为；不安全心理；不安全生理；个体

安全技能；工作压力；作业训练；安全宣传。

流率变量：不安全行为增加量；不安全行为减少量；不安全心理增加量；不安全心理减少量；不安全生理减少量；个体安全技能增加量；工作压力增加量；安全宣传增加量；作业训练增加量。

辅助变量：管理层关怀与支持；工友支持；亲属安全督促；安全价值观；心理素质锻炼；工作压力增加率；健康检查；人机匹配性；作业标准化；合理安排生产任务；合理安排作息时间；员工选拔淘汰；绩效考核；应急演练；事故案例学习；工友帮助与指正；岗位匹配性；作业训练增加率；个体安全技能干预系数。

5.5
不安全行为干预系统动力学模型构建

5.5.1　不安全行为干预系统动力学分析

通过对组织干预系统和个体干预系统的分析，结合系统动力学因果反馈理论，得出安全管理、工作环境、组织安全氛围、不安全心理、不安全生理和个体安全技能等干预系统与不安全行为之间的相互作用关系，分析得出煤矿员工不安全行为干预因果关系如图 5.26 所示。

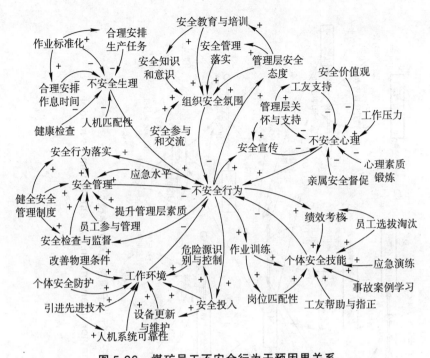

图 5.26　煤矿员工不安全行为干预因果关系

Fig.5.26　Coal miner's unsafe behavior intervention causal loop diagram

5.5.2　不安全行为干预系统动力学模型

　　在构建煤矿员工不安全行为组织干预系统和个体干预系统模型的基础上，为有效分析组织干预方法和个体干预方法对煤矿员工不安全行为干预效果及其相互影响关系，结合煤矿员工不安全行为干预因果关系图，形成煤矿员工不安全行为干预系统动力学模型，如图 5.27 所示。

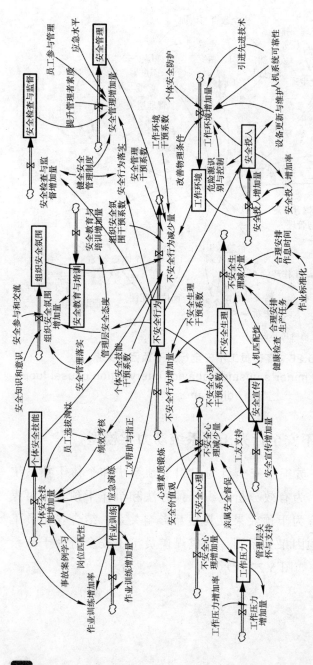

图 5.27 煤矿员工不安全行为干预系统动力学模型

Fig.5.27 Coal miner's unsafe behavior intervention system dynamics model

5.6
不安全行为干预系统动力学模型仿真

为了验证煤矿员工不安全行为干预的效果是否符合实际情况，本部分采用系统动力学软件对实际效果进行系统仿真。系统仿真主要是在系统各个组成部分以及相互之间关系的基础上，构建能够对系统的行为过程或者系统结构进行描述，且具有一定数学关系或者逻辑结构的仿真模型，在此基础上进行定量分析，进而获取合理决策中所需的信息。为保证系统模型能够反映一个实际系统运行的规律和特征，在系统仿真和分析之前需检测和验证系统的目的性、有效性，确保分析结果的正确、可靠。同时，系统仿真还能产生新的方法或思路，将系统中存在的一些问题及时查找出来，以有利于系统的完善。

5.6.1 系统动力学仿真软件选取

鉴于系统动力学的运算和结构复杂，自 20 世纪 50 年代的 DYNAMO 起，系统动力学软件由专门程序语言构建模型结构，经历麻省理工学院开发的 DYNAMO 仿真程序、具有可视化组件的 Stella、可进行图形和编辑的 Vensim，使系统仿真和模拟的方法不断优化，进而得出更精确的仿真结果 [102]。由于 Vensim 可以同时采取图形和编辑语言的方式构建系统仿真模型，兼具人工编辑 DYNAMO 方程和模型方便易构建的优势。

Vensim 可以方便图形化的格式箭头和各变量的构建，形成各变量之间的因果反馈环，各变量、参数间关系可以通过 Vensim 提供的方程功能完成。透过所构建的系统动力学模型，便于了解变量间的因果关系和回路、模型结构，同时也便于模型相关内容的修订。模型构建完成后，可以通过 Vensim 对系统进行检验和调试，也可以改变变量的数值，对仿真系统进行深入分析研究[103]。

Vensim PLE 是 Vensim 软件的个体学习版，具有图示化编程构建模型、数据分享性强、输出信息和输出方式灵活等特点。同时 Vensim PLE 可以对模型进行原因树分析、反馈环列表分析和数据集分析，也可以依据预先提出的基本要求对所研究系统的真实性进行检验[104]。因此，本部分采用 Vensim PLE 进行仿真。

5.6.2　不安全行为干预系统动力学模型的构建

（1）系统动力学模型参数赋值

煤矿员工不安全行为干预方法数量单位不同而存在不可通约性，各干预方法间不方便进行比较。因此，需要将量纲、特性不同的干预方法转化为便于比较的相对数值，即无量纲化处理。本研究对各因素采用极值处理的方法进行无量纲化处理。

极值处理方法的公式如下：

$$M_j = \max (x_{ij}), \quad m_j = \min(x_{ij}) \tag{5.1}$$

$$则 \ x_{ij}^* = \frac{x_{ij} - m_j}{M_j - m_j}, \ 无量纲，且 \ x_{ij}^* \in [0, \ 1] \tag{5.2}$$

$$当 \ m_j = 0 \ (j=1, \ 2, \ 3, \ \cdots, \ n) \ 时，有 \ x_{ij}^* = \frac{x_{ij}}{M_j} \tag{5.3}$$

（2）煤矿员工不安全行为干预系统动力学模型的建立

基于所构建的系统动力学模型，首先建立出各干预方法的得分表，通过相关资料收集和煤矿实地调研，得出干预模型的原始数据（见表 5.1）。

表 5.1　　　　　煤矿员工不安全行为干预方法得分

Table 5.1　Coal miner's unsafe behavior intervention method scores

干预方法	安全管理	工作环境	组织安全氛围	不安全心理	不安全生理	个体安全技能
分值	83	69	75	67	63	74

　　然后依据所确定的煤矿员工不安全行为各干预方法建立各干预方法的调查问卷（参见附录Ⅷ），运用 SPSS18.0 统计分析得出各干预方法的重要性数值（见表 5.2）。

表 5.2　　　　　煤矿员工不安全行为干预方法重要性

Table 5.2　Coal miner's unsafe behavior intervention method's essentiality

干预方法	重要性得分	干预方法	重要性得分	干预方法	重要性得分
管理层安全态度	3.907	安全管理制度	4.367	事故案例学习	4.184
安全参与和交流	4.160	引进先进技术	3.935	亲属安全督促	3.846
员工选拔	3.437	安全检查与监督	4.032	管理层素质	4.144
作业标准化	4.060	工友帮助与指正	4.410	安全投入	4.327
工作压力	3.477	安全管理落实	4.214	设备更新与维护	4.036
合理的作息时间	4.285	应急演练	3.859	个体安全防护	4.115
合理安排生产任务	4.356	岗位匹配性	4.138	员工参与管理	4.018
心理素质锻炼	4.173	作业训练	3.983	安全行为落实	3.552
安全教育和培训	4.341	人机系统可靠性	4.200	改善物理条件	3.745
工友支持	3.747	应急水平	3.754	安全知识和意识	3.456
危险源辨识、控制	4.275	绩效考核	3.895	安全价值观	3.913
安全宣传	3.775	健康检查	3.459	管理层支持	3.673
人机匹配性	4.341				

结合所得数据资料，分析系统动力学模型中的不同变量之间的关系，进而分析煤矿员工不安全行为干预系统动力学模型。各干预方法的权重确定的具体步骤如下：

设系统子系统数量为 m，干预方法数量为 n，拟定指标值为 x_{ij}（$1 \leq i \leq m$，$1 \leq j \leq n$）。

①通过对决策矩阵 $X = (x_{ij})_{m \times n}$ 做标准化处理，各项指标结果都是正向，进而得到标准化矩阵 $Y = (y_{ij})_{m \times n}$，归一化处理后：

$$P_{ij} = y_{ij} \Big/ \sum_{i=1}^{m} y_{ij}, \quad (1 \leq i \leq m, \ 1 \leq j \leq n) \tag{5.4}$$

②第 j 项指标输出熵值 H_j，则：

$$H_j = - \sum_{i=1}^{m} P_{ij} \ln P_{ij}, \quad (1 \leq j \leq n) \tag{5.5}$$

当条件熵达到最大，及 $H_j = \ln m$，得到表征第 j 个指标的相对重要度确定的熵值：

$$h_j = - \frac{1}{\ln m} \sum_{i=1}^{1} P_{ij} \ln P_{ij}, \quad (1 \leq j \leq n) \tag{5.6}$$

③计算第 j 项指标的差异系数，对于第 j 项指标，指标值存在的差异越大，说明其对被评价系统的作用越大，数值越小。同理当差异越小时，其对被评价系统的作用越小，数值越大。定义差异系数为 $G_j = 1 - h_j$，（$1 \leq j \leq n$）。

④干预方法权重的确定。第 j 项干预方法的权重为：

$$w_j = G_j \Big/ \sum_{j=1}^{n} G_j, \quad (1 \leq j \leq n) \tag{5.7}$$

本部分采用 MATLAB 软件对干预系统中各干预方法系数值进行计算，具体结果见表 5.3。

表 5.3　　　煤矿员工不安全行为干预系统各指标系数

Table 5.3　Coal miner's unsafe behavior intervention system each index coefficient

干预系统	干预方法	干预系数	干预系统	干预方法	干预系数
安全管理	健全安全管理制度	0.056	不安全心理	管理层关怀与支持	0.025
	安全行为落实	0.043		安全宣传	0.034
	提升管理层素质	0.012		工友支持	0.023
	安全检查与监督	0.063		安全价值观	0.014
	员工参与管理	0.023		工作压力	0.044
	应急水平	0.010		亲属安全督促	0.043
工作环境	安全投入	0.054		心理素质锻炼	0.023
	危险源识别与控制	0.034	不安全生理	作业标准化	0.034
	设备更新与维护	0.032		合理安排休息时间	0.016
	人机系统可靠性	0.023		合理安排工作任务	0.021
	引进先进技术	0.043		健康检查	0.012
	个体安全防护	0.013		人机匹配性	0.028
	改善物理条件	0.031	个体安全技能	员工选拔淘汰	0.037
组织安全氛围	管理层安全态度	0.051		绩效考核	0.043
	安全管理落实	0.033		应急演练	0.009
	安全教育与培训	0.072		事故案例学习	0.023
	安全知识和意识	0.025		作业训练	0.023
	安全参与和交流	0.042		岗位匹配性	0.012
				工友帮助与指正	0.014

組织干预 / 个体干预

（3）煤矿员工不安全行为干预系统动力学模型数学关系的确定

通过对京煤集团某煤矿员工行为安全水平进行实地考察，将不安全行为发生的次数作为系统动力学模型仿真的相应值。经过问卷实地调查及相关专家的打分，得出每个变量的初始值，结合表5.3所确定的各干预方法的系数，构建出该煤矿各干预方法之间的系统动力学模型数学关系，具体如下：

（01）FINAL TIME=12，Units：Month

（02）INITIAL TIME=0，Units：Month

（03）TIME STEP=0.5

（04）不安全心理 = INTEG（不安全心理增加量 – 不安全心理减少量，245）

（05）不安全心理减少量 =0.043* 亲属安全督促 +0.014* 安全价值观 +0.034* 安全宣传 +0.023* 工友支持 +0.023* 心理素质锻炼 +0.025* 管理层关怀与支持

（06）不安全心理增加量 = 工作压力 *0.044

（07）不安全心理干预系数 =0.032

（08）不安全生理 =INTEG（不安全生理增加量 – 不安全生理减少量，274）

（09）不安全生理减少量 =0.028* 人机匹配性 +0.034* 作业标准化 +0.012* 健康检查 +0.016* 合理安全作息时间 +0.021* 合理安排生产任务

（10）不安全生理干预系数 =0.012

（11）不安全行为 =INTEG（不安全行为增加量 – 不安全行为减少量，2 721）

（12）不安全行为减少量 = 个体安全技能 * 个体安全技能干预系数 + 安全管理 * 安全管理干预系数 + 工作环境 * 工作环境

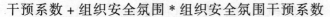

干预系数 + 组织安全氛围 * 组织安全氛围干预系数

（13）不安全行为增加量 = 不安全心理 * 不安全心理干预系数 + 不安全生理 * 不安全生理干预系数

（14）个体安全技能 =INTEG（个体安全技能增加量，74）

（15）个体安全技能增加量 =0.037* 员工选拔淘汰 +0.023* 事故案例学习 +0.023* 作业训练 +0.012* 岗位匹配性 +0.014* 工友帮助与指正 +0.009* 应急演练 +0.043* 绩效考核

（16）个体安全技能干预系数 =0.023

（17）个体安全防护 =76

（18）事故案例学习 =60

（19）亲属安全督促 =64

（20）人机匹配性 =74

（21）人机系统可靠性 =69+0.023* 引进先进技术

（22）作业标准化 =73

（23）作业训练 =INTEG（作业训练增加量 +0.004 2* 不安全行为，52）

（24）作业训练增加率 =0.004* 作业训练 / 个体安全技能

（25）作业训练增加量 = 作业训练 * 作业训练增加率

（26）健全安全管理制度 =73

（27）健康检查 =63

（28）危险源识别与控制 =62+0.023* 安全投入

（29）合理安排作息时间 =0.49* 作业标准化

（30）合理安排生产任务 = 作业标准化 *0.75

（31）员工参与管理 =71

（32）员工选拔淘汰 =43

（33）安全价值观 =45

（34）安全参与和交流 =45

（35）安全宣传 =INTEG（安全宣传增加量，65）

（36）安全宣传增加量 =0.005 1* 不安全行为 +0.034* 管理层关怀与支持

（37）安全投入 =INTEG（安全投入增加量 +0.002 3* 不安全行为，59）

（38）安全投入增加率 =0.063* 安全投入 / 工作环境

（39）安全投入增加量 = 安全投入 * 安全投入增加率

（40）安全教育与培训 = INTEG（安全教育与培训增加量，63）

（41）安全教育与培训增加量 = 管理层安全态度 *0.005 2

（42）安全检查与监督 =INTEG（安全检查与监督增加量，69）

（43）安全检查与监督增加量 = 健全安全管理制度 *0.032+0.001 9* 不安全行为

（44）安全知识和意识 =65

（45）安全管理 = INTEG（安全管理增加量，69）

（46）安全管理增加量 =0.056* 健全安全管理制度 +0.023* 员工参与管理 +0.063* 安全检查与监督 +0.043* 安全行为落实 + 0.01* 应急水平 +0.012* 提升管理者素质

（47）安全管理干预系数 =0.057

（48）安全管理落实 =0.88* 管理层安全态度

（49）安全行为落实 =0.73* 健全安全管理制度 –0.055* 不安全行为

（50）岗位匹配性 =53+0.027* 作业训练

（51）工作压力 =INTEG（工作压力增加量 +0.06* 不安全心理，73）

（52）工作压力增加率 =0.015

（53）工作压力增加量 = 工作压力 * 工作压力增加率

（54）工作环境 =INTEG（工作环境增加量，52）

（55）工作环境增加量 =0.013* 个体安全防护 +0.023* 人机系统可靠性 +0.034* 危险源识别与控制 +0.054* 安全投入 +0.031* 改善物理条件 +0.032* 设备更新与维护 +0.043* 引进先进技术

（56）工作环境干预系数 =0.032

（57）工友帮助与指正 =48

（58）工友支持 =0.56* 管理层关怀与支持 +34

（59）应急水平 =56

（60）应急演练 =53

（61）引进先进技术 =70

（62）心理素质锻炼 =35

（63）提升管理者素质 =78

（64）改善物理条件 =61

（65）管理层关怀与支持 =58

（66）管理层安全态度 =72+0.003 4* 不安全行为

（67）组织安全氛围 =INTEG（组织安全氛围增加量，70）

（68）组织安全氛围增加量 =0.042* 安全参与和交流 +0.072* 安全教育与培训 +0.025* 安全知识和意识 +0.033* 安全管理落实 +0.051* 管理层安全态度

（69）组织安全氛围干预系数 =0.073

（70）绩效考核 =60+0.004 5* 不安全行为 +0.02* 员工选拔淘汰

（71）设备更新与维护 =72+ 安全投入 *0.064

（4）模型有效性检验

为确保所构建的煤矿员工不安全行为干预系统动力学模型运行结果符合客观实际的观察结果，所以需检验模型的有效性。模拟结果与实际结果误差范围与仿真效果符合性关系：大于

0.20 为很差，0.15~0.20 为较差，0.10~0.15 为一般，0.05~0.10 为较好，小于 0.05 为很好[105]。利用已建立的系统动力学流图模型和各干预方法的数学关系，对京煤集团某煤矿过去 12 个月的不安全行为发生的实际数值与 Vensim PLE 仿真拟合结果进行比较，结果见表 5.4。

表 5.4　煤矿员工不安全行为干预系统动力学模型有效性检验
Table 5.4　Coal miner's unsafe behavior intervention system dynamics model validation

时间（月）	不安全行为				时间（月）	不安全行为			
	原始值	拟合值	误差值	误差率		原始值	拟合值	误差值	误差率
1	2 909	2 719.10	189.9	0.07	7	2 494	2 653.62	−159.62	−0.06
2	2 823	2 714.72	108.28	0.04	8	2 764	2 633.20	130.8	0.05
3	2 626	2 707.79	−81.79	−0.03	9	2 688	2 609.91	78.09	0.03
4	2 779	2 698.27	80.73	0.03	10	2 635	2 583.70	51.3	0.02
5	2 551	2 686.10	−135.1	−0.05	11	2 452	2 554.50	−102.5	−0.04
6	2 724	2 671.24	52.76	0.02	12	2 648	2 522.27	125.73	0.05

　　由表 5.4 可知，煤矿员工不安全行为原始值和拟合值误差率大部分在 0.05 以内，只有第 1、7 月误差率为 0.07 和 0.06，且均小于 0.1，故可认为干预系统动力学模型仿真结果具有较好的拟合性。因此，所构建的煤矿员工不安全行为干预系统动力学模型可有效表征实际系统，仿真模拟的结果可对实际情况进行分析和预测。

5.7
不安全行为干预系统动力学模型仿真效果分析

在针对京煤集团某煤矿构建的煤矿员工不安全行为干预系统动力学模型的基础上，本部分将仿真时间从 12 个月延长到 36 个月，以便更好地预测干预系统的实际效果。同时，本部分将对干预参数进行一定的修改，优化干预系统以达到预期效果，为煤矿员工不安全行为干预提出相应方案。

5.7.1　不安全行为干预效果预测

（1）整体干预效果预测

煤矿员工不安全行为整体干预效果预测如图 5.28 所示，随着时间的增加，煤矿员工的不安全行为逐渐减少，说明不安全行为干预方法实施效果明显。整体干预效果曲线大致可分为变化缓慢和变化较快两个阶段。在开始实施行为干预的前 13 个月，各项干预方法对煤矿员工的行为影响较小，主要是由于煤矿员工对各项干预方法不理解或者心存抵触，同时，管理层对干预方法的宣贯、执行和检查监督力度存在一定的不足，煤矿员工不安全行为减少缓慢，不安全行为干预效果一般。在 13 个月之后，煤矿员工的不安全行为减少较快，这一阶段表明，随着干预方法的宣传和执行方式被煤矿员工所适应，个体不安全心理、不安全生理等出现较快的改善，个体安全技能同时有较大提高。随着时间的深入，管理层在对干预方法实施的过程中逐渐探寻出干预方法实施的合适方式，安全管理水平、工作环境水平和组织安全氛围水平得到了较大的提升。

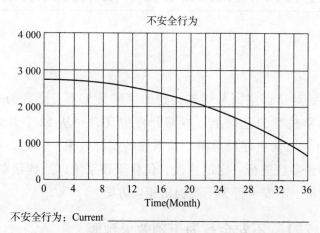

图 5.28 煤矿员工不安全行为整体干预效果预测
Fig.5.28 Coal miner's unsafe behavior unitary intervention effect prediction

（2）组织干预效果预测

组织干预效果预测结果如图 5.29 所示，本部分只考虑安全管理、工作环境和组织安全氛围因素。由图 5.29 可以看出，组织干预效果与整体干预效果类似，大致也可以分为两个阶段。在实施组织干预的前 13 个月，由于煤矿员工对组织干预方法的不熟悉或者实施方式不容易被接受等原因，煤矿员工的不安全行为主要依靠安全管理的监督和检查缓慢减少。而在 13 个月之后，随着组织干预方法的实施，安全管理、工作环境和组织安全氛围得到了大幅的改善，同时，安全行为落实、安全投入和安全监督与检查的强度逐渐增大，致使煤矿员工的不安全行为迅速减少。

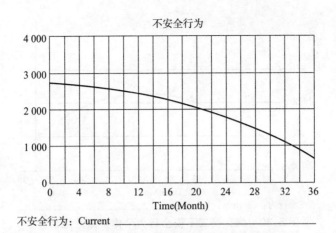

不安全行为：Current

图 5.29　煤矿员工不安全行为组织干预效果预测
Fig.5.29　Coal miner's unsafe behavior organizational
intervention effect prediction

（3）个体干预效果预测

同组织干预一样，个体干预只考虑不安全心理、不安全生理和个体安全技能的个体干预方法。由图 5.30 可以看出，个体干预的实施可以明显分为两个部分。在前 19 个月，煤矿员工的不安全行为有一定增加，主要是由于个体干预方法在实施初期，煤矿员工对其认识不足且存在一定的抵触心理，增大工作压力，容易导致生理上的疲劳，进而使增加个体安全技能主动性降低。而在第 19 个月，煤矿员工的不安全行为达到顶点之后，随着管理层的关怀与支持、安全宣传，抵触、紧张等不安全心理逐渐消除，作业标准化的执行减少了不安全生理，同时由于绩效考核和作业训练等因素，煤矿员工不安全行为逐渐减少，而且随着时间的延长，煤矿员工的不安全行为会继续减少。

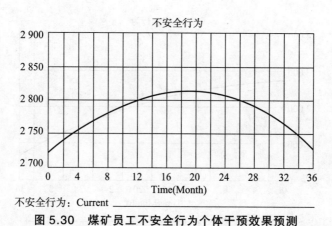

不安全行为：Current _____

图 5.30　煤矿员工不安全行为个体干预效果预测

Fig.5.30　Coal miner's unsafe behavior individuals' intervention effect prediction

5.7.2　不安全行为干预系统的干预效果分析

为了更好地研究组织干预方法和个体干预方法对煤矿员工不安全行为的干预效果，本研究将采用控制变量法，即在保持其他干预方法不变的情况下，改变某种干预方法的干预强度，通过 Vensim PLE 仿真出该干预方法最终的干预效果，并与初始干预效果进行比较。

（1）各干预方法干预效果对比

通过对安全管理、工作环境、组织安全氛围、个体安全技能等干预方法的干预强度增大20%，不安全心理和不安全生理等干预方法的干预强度减少20%，得出煤矿员工不安全行为的干预方法干预效果如图 5.31 所示。在保持煤矿员工不安全行为干预系统整体不变的情况下，单独改变某个干预系统的干预强度，由图 5.32 所示的仿真结果可知，各干预方法对干预系统整体的影响关系：不安全生理＜不安全心理＜个体安全技能＜工作环境＜安全管理＜组织安全氛围。因此，改善煤矿员工不安全行为的最好的方法是提高组织安全氛围，同时也充分说明组织安全氛围对煤矿员工不安全行为有着重要作用。

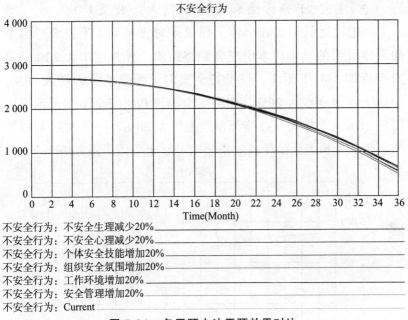

不安全行为

不安全行为：不安全生理减少20%
不安全行为：不安全心理减少20%
不安全行为：个体安全技能增加20%
不安全行为：组织安全氛围增加20%
不安全行为：工作环境增加20%
不安全行为：安全管理增加20%
不安全行为：Current

图5.31　各干预方法干预效果对比

Fig.5.31　Comparative analysis of each intervention method's effect

Time (Month)	"不安全行为	不安全行为					
25.5	" Runs:	1745.75	1727.35	1731.9	1662.38	1705.1	1695.05	1757.1
26	不安全生理	1704.33	1685.62	1689.69	1617.8	1661.56	1651.33	1715.78
26.5	减少20%	1661.89	1642.88	1646.45	1572.17	1616.94	1606.55	1673.45
27	不安全心理	1618.45	1599.12	1602.18	1525.45	1571.23	1560.68	1630.1
27.5	减少20%	1573.97	1554.33	1556.85	1477.66	1524.43	1513.73	1585.72
28	个体安全技	1528.47	1508.51	1510.47	1428.77	1476.53	1465.67	1540.3
28.5	能增加20%	1481.91	1461.65	1463.03	1378.79	1427.51	1416.51	1493.83
29	组织安全氛	1434.31	1413.73	1414.51	1327.69	1377.37	1366.22	1446.3
29.5	围增加20%	1385.64	1364.74	1364.9	1275.48	1326.09	1314.81	1397.7
30	工作环境	1335.91	1314.69	1314.2	1222.14	1273.66	1262.26	1348.03
30.5	增加20%	1285.09	1263.55	1262.4	1167.66	1220.08	1208.56	1297.27
31	安全管理	1233.18	1211.32	1209.49	1112.04	1165.33	1153.7	1245.42
31.5	增加20%	1180.17	1157.99	1155.45	1055.27	1109.4	1097.67	1192.46
32	Current	1126.05	1103.54	1100.28	997.326	1052.29	1040.46	1138.38
32.5		1070.82	1047.98	1043.97	938.214	993.972	982.059	1083.19
33		1014.46	991.282	986.512	877.92	934.448	922.463	1026.86
33.5		956.956	933.446	927.893	816.436	873.705	861.657	969.383
34		898.311	874.461	868.105	753.751	811.73	799.632	910.758
34.5		838.509	814.316	807.138	689.859	748.514	736.379	850.972
35		777.543	753.001	744.984	624.748	684.047	671.886	790.014
35.5		715.401	690.508	681.632	558.41	618.316	606.144	727.876
36		652.076	626.826	617.074	490.837	551.311	539.144	664.548

图5.32　各干预方法干预效果系统动力学仿真结果

Fig.5.32　System dynamics simulation results of each intervention method's effect

（2）组织干预方法和个体干预方法效果对比

为比较组织干预和个体干预效果对煤矿员工不安全行为干预总体效果的影响，本研究分别将组织干预强度增大20%，即安全管理、工作环境、组织安全氛围干预强度分别增大20%，个体干预强度增大20%，即不安全心理和不安全生理干预强度降低20%，个体安全技能干预强度增大20%。由图5.33可以看出，组织干预方法的干预效果要明显好于个体干预方法。

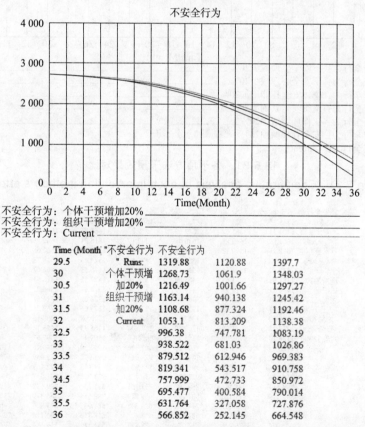

Time (Month)	"不安全行为	不安全行为		
29.5	" Runs:	1319.88	1120.88	1397.7
30	个体干预增	1268.73	1061.9	1348.03
30.5	加20%	1216.49	1001.66	1297.27
31	组织干预增	1163.14	940.138	1245.42
31.5	加20%	1108.68	877.324	1192.46
32	Current	1053.1	813.209	1138.38
32.5		996.38	747.781	1083.19
33		938.522	681.03	1026.86
33.5		879.512	612.946	969.383
34		819.341	543.517	910.758
34.5		757.999	472.733	850.972
35		695.477	400.584	790.014
35.5		631.764	327.058	727.876
36		566.852	252.145	664.548

图5.33　组织干预方法和个体干预方法干预效果对比及仿真结果

Fig.5.33　Simulation results and intervention method's effect of organizations and individuals

5.7.3　不安全行为干预方法实施流程

对煤矿员工实施整体干预，其不安全行为随着时间的增加而越来越少，且减少速率越来越快；单独采取组织干预方法进行干预，其干预效果和整体干预效果类似，随时间不安全行为减少越来越快；而单独采取个体干预方法，不安全行为在干预实施前期会有一定幅度的增加，后期才会缓慢减少，之后的干预效果与整体干预、组织干预相似。

而当对各干预方式在整体层面进行分析时，可知组织安全氛围的干预效果是最好的，其次是安全管理、工作环境、个体安全技能、不安全心理，效果最不明显的是不安全生理。同时，组织干预效果明显好于个体干预效果。

因此，得到煤矿员工不安全行为干预方法实施流程如图5.34所示。

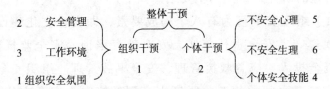

图 5.34　煤矿员工不安全行为干预方法实施流程
Fig.5.34　The applied procedure of coal miner's unsafe
behavior intervention method

第六章
结论和展望

6.1
主 要 结 论

根据对煤矿安全管理组织行为中作用机理、评估方法以及干预措施的研究，得到的主要结论如下：

（1）组织安全行为有八个构成要素，即安全文化建设、安全法规遵守、安全责任落实、安全教育培训、安全监督检查、安全资金投入、应急救援管理、安全事故管理。组织安全行为与八个要素之间的相互关联度由高到低依次为安全文化建设、安全教育培训、安全责任落实、安全监督检查、应急救援管理、安全法规遵守、安全资金投入、安全事故管理。

（2）矿工个体行为产生的心理过程有三个阶段，即认知、决策和执行，任何一个阶段发生偏差都会造成不安全行为的输出。影响个体不安全行为的内因包括心理、生理和技能三个方面，外因也有三个方面，即组织安全行为、组织内部环境、外部客观环境。心理因素包括感知觉、记忆、思维、情绪、意志、性格、气质、能力和态度共九个方面，生理因素包括身体健康水平、身体协调性和疲劳三个方面，技能因素包括知识和专业操作技能两个方面。

（3）组织安全行为通过记忆、思维、情绪、意志、性格、气质、能力、态度、知识、专业操作技能等因素对个体行为产生作用。安全文化建设、安全教育培训、安全监督检查是对矿工个体行为影响较大、较重要的组织安全行为因素。态度、情绪、意志、能力、专业操作技能容易受组织安全行为的影响，而性格、气质等因素受组织安全行为的影响相对较小。

（4）依据组织安全行为的构成要素，建立组织安全行为评估指标体系，将"组织安全行为"作为一级指标，则确定了其包含 8 个二级指标和 16 个三级指标以及 57 个针对三级指标的考评项。

（5）根据矿工个体不安全行为的产生机理，建立了包含 51 个要素条目的矿工个体不安全行为评估初级量表，初级量表由三个分量表构成，即个体内在因素分量表、组织内部因素分量表和外部环境因素分量表，共包含 83 个题项。通过对各分量表的项目分析和因子分析，删除初级量表中的不合适的题项，最终确定了包含 71 个题项的最终量表，其中个体内在因素分量表包含 27 个题项，组织内部因素分量表包含 30 个题项，外部环境因素分量表包含 14 个题项。

（6）通过文献综合分析、实地访谈、专家审核形成了煤矿员工不安全行为干预方法的集合，经过有效性验证得到包括 37 个干预方法的煤矿员工不安全行为干预方法集合；分别对组织干预方法和个体干预方法的相互作用关系进行分析得出了煤矿员工不安全行为干预方法关系结构。

（7）引入系统动力学的原理和方法，分别从组织干预方法和个体干预方法分析其因果关系，形成系统动力学流图；结合组织干预方法和个体干预方法的因果关系和系统动力学流图，最终形成了煤矿员工不安全行为干预方法系统动力学模型。

（8）通过对煤矿员工不安全行为干预方法进行系统动力学模型仿真，得出整体干预方法和组织干预方法效果越来越明显，个体干预方法则呈现先扬后抑的结果；各干预方法的效果则是组织安全氛围效果最好，不安全心理效果最差。最终得出煤矿员工不安全行为干预方法实施的流程是组织干预优先，其次是个体干预；各干预方法实施的先后顺序则是组织安全氛围、安全管理、工作环境、个体安全技能、不安全心理、不安全生理。

6.2
展　望

本研究针对煤矿安全管理组织行为对个体行为的作用机理，煤矿安全管理行为的评估方法及干预措施，虽然已经做了大量的研究工作，但由于受到时间和水平的限制，仍然存在一些问题有待进一步深入探讨，总结起来主要有以下几点：

（1）分析了矿工个体不安全行为形成的心理过程，并将其分为认知、决策和执行三个阶段，并在此基础上分析了心理、技能等因素对这三个阶段的影响。但在最后提出组织安全行为八个要素通过心理和技能因素对个体行为产生作用时，没有深入研究如何对这三个阶段产生的影响，而仅研究了对不安全行为的影响，即将心理、技能等因素对这三个阶段的影响统一视为不安全行为的输出。在今后的研究中可以细化研究组织安全行为对认知、决策和执行三个阶段的影响。

（2）虽然在分析个体不安全行为的影响因素，尤其是内部因素时，希望尽可能做到全面，但由于涉及心理学和生理学内容，可能提出的影响因素有遗漏，这会对最终提出的组织安全行为对个体行为作用机理模型有影响。所以，以后的研究中应进一步挖掘提出影响个体不安全行为的因素，做到尽可能全面。

（3）目前对煤矿安全管理行为的评估是从组织安全行为和个体不安全行为的角度分别进行评估，而在今后的研究中将从整体的角度出发进一步探讨对安全管理行为的评估方法。

（4）煤矿员工不安全行为干预方法的选取具有一定的片面性，对所有煤矿的适用性存在一定的缺陷。本研究选取了国内外文献和煤矿实际应用比较多的干预方法，对不同的煤矿采用相同的干预方法进行研究，但不同的煤矿会有自身的一些特有干预方法，从而影响最终的仿真效果。

（5）煤矿员工不安全行为干预方法系统动力学模型根据煤矿实际进行数学量化，但各干预方法系数和初始量的选取等，测量值和实际值存在一定误差，系统动力学模型的精度还需进一步加强。

（6）针对系统动力学的仿真结果仅进行了整体和各干预方

法的分析，得出最终的干预方法实施顺序较简单。希望以后能对煤矿员工不安全行为干预方法系统动力学模型中的 37 种干预方法单独甚至多方法结合进行分析，得出干预效果最好的干预方法组合。

参考文献

[1] 国家安全监管总局调度中心.2005年全国各类安全生产伤亡事故情况 [EB/OL].http：//www.chinasafety.gov.cn/anquanfenxi/ 2006-01.

[2] 国家安全监管总局调度统计司.2006年全国各类伤亡事故情况 [EB/OL].http：//www.chinasafety.gov.cn/anquanfenxi/2007-01/11/content-214963.htm.

[3] 国家煤矿安全监察局.2013年全国煤矿事故分析报告.

[4] 陈红.中国煤矿重大事故中的不安全行为研究 [M].北京：科学出版社，2006：123-140.

[5] Heinrich H W. Industrial Accident Prevention [M]. New York：McGraw-Hill Inc，1931.

[6] 傅贵，陆柏，陈秀珍.基于行为科学的组织安全管理方案模型 [J].中国安全科学学报，2005，15 (9)：21-27.

[7] Williamson A M，Feyer A M. Behavioral epidemiology as a tool for accident research. Journal of Occupational Accidents，1990 (12)：207-222.

[8] Zohar D，Fussfeld N. A systems approach to organizational behavior modification：Theoretical considerations and empirical evidence [J]. International Review of Applied Psychology，1981 (30)：491-505.

[9] Stajkovic A D，Luthans F. A meta-analysis of the effects of organizational behavior modification on task performance, 1975-1995 [J]. Academy of Management Journal，1997

（40）: 1122-1149.

[10] Reason J. Human Error [M]. New York: Cambridge University Press, 1990.

[11] Wicks D. Institutionalized mindsets of invulnerability: Differentiated institutional fields and the antecedents of organizational crisis [J]. Organization Studies, 2001, 22（4）: 659-693.

[12] Wright C. Routine deaths: Fatal accidents in the oil industry [J]. Sociological Review, 1986, 4: 265-289.

[13] Hofmann D A, Stetzer A. A cross level investigation of factors influencing unsafe behaviors and accidents [J]. Personnel Psychology, 1996, 49（2）: 307.

[14] Cree T, Kelloway K. Responses to occupational hazards exit and participation [J]. Journal of Occupational Health Psychology, 1997, 2（4）: 304- 311.

[15] Zohar D, Luria G. The use of supervisory practices as leverage to improve safety behavior: A cross-level intervention model [J]. Journal of Safety Research, 2003, 34: 567-577.

[16] Heinrich H W, Petersen D, Roos N. Industrial Accident Prevention（5th Ed）[M]. New York: McGraw-Hill, 1980.

[17] Bird F. Management Guide to Loss Control [M]. Atlanta: Institute Press, 1974.

[18] Lingard H C, Rowlinson S. Behavior-based safety management in Hong Kong's construction industry [J]. Journal of Safety Research, 1997, 2 8（4）: 243-256.

［19］Rowlinson S. Human factors in construction safety-management issues［A］. In: Coble R, Hinze Jand Haupt T C, eds. Construction Safety and Health Management［M］. New Jersey: Prentice Hall, 2000: 59-86.

［20］Lingard H C. Safety in Hong Kong's construction industry: Changing worker behavior［D］. Hong Kong: Department of Surveying the University of Hong Kong, 1995.

［21］Adams E. Accident Causation and the Management System［M］. 1978.

［22］Krause T R, Seymour K J and Sloat K C M. Long-term evaluation of a behavior-based method for improving safety performance: a meta-analysis of 73 interrupted time-series replications［J］. Safety Science, 1999, 32（1）: 1-18.

［23］Hinze J. Construction Safety［M］. New Jersey: Prentice Hall, 1997.

［24］Torger Reve, Raymond E Levitt. Organization and governance in construction［J］. International Journal of Project Management, 1984, 2（1）: 17-25.

［25］Cooper M D, Phillips R A, Sutherland V J, Makin P J. Reducing accidents using goal setting and feedback: A field study［J］. Journal of Occupational and Organizational Psychology, 1994（67）: 219-240.

［26］Komaki J, Barwick K D, Scott L R. A behavioral approach to occupational safety: Pinpointing and reinforcing safe performance in a food-manufacturing plant［J］. Journal of Applied Psychology, 1978, 63（4）: 434-445.

［27］Copper M D. Behavioral Safety Interventions：A Review of Process Design Factors［J］. Professional Safety，2009，2：36-45.

［28］Cooper M D. Exploratory analyses of the effects of managerial support and feedback consequences on behavioral safety maintenance［J］. Journal of Organizational Behavior Management，2006（26）：1-41.

［29］李华炜，周立新. 煤矿生产中不安全行为产生原因及控制措施［J］. 中国煤炭，2006（4）：64-65.

［30］曹庆仁，宋学锋. 煤矿员工的不安全行为及其管理途径［J］. 经济管理，2006（15）：62-65.

［31］孙爱军，刘茂. 行为安全管理理论在我国的实践困境及其解决途径［J］. 中国安全科学学报，2009，19（9）：58-63.

［32］黄浩，王晶禹，黄敏，等. 行为基础安全的理论探讨［J］. 煤矿安全，2007，38（4）：66-69.

［33］余若杰. 煤矿人员不安全行为发生机理研究［J］. 煤炭与化工，2014，37（11）：130-133.

［34］李磊. 矿工不安全行为形成机理及组合干预研究［D］. 西安：西安科技大学，2014.

［35］薛月明. 矿工不安全行为发生机理及影响因素研究［D］. 西安：西安科技大学,2014.

［36］Pfaff H，Hammer A，Ernstmann N. Safety culture：definition，models and design［J］. Z Evid Fortbild Qual Gesundhwes，2009，103（8）：493-497.

［37］De Wet C，Spence W，Mash R. The development and psychometric evaluation of a safety climate measure for primary care［J］.Qual Saf Health Care，2010，40（19）：

258-264.

［38］Hoffmann B, Hofinger G, Gerlach F. Is patient safety culture measurable and if so, how is it done? ［J］.Z Evid Fortbild Qual Gesundhwes, 2009, 103（8）: 515-520.

［39］Flin R, Mearns K, Cornor P O. Measuring Safety Climate: identifying the common feature［J］. Safety Science, 2000, 34（2）: 177-192.

［40］Vaughen B K, Lock K J, Floyd T K. Improving Operating Discipline Through the Successful Implementation of a Mandated Behavior-Based Safety Program［J］. Process Safety Progress, 2010, 29（3）: 192-200.

［41］Cope J G, Smith G A, Grossnickle W F. The effect of variable-rate cash incentives on safety belt use［J］. Journal of Safety Research, 1986, 17: 95-99.

［42］张佳彩.煤矿工人不安全行为测量与实践［D］.青岛: 山东科技大学, 2011.

［43］郑日昌.心理测量与测验［M］.北京: 中国人民大学出版社, 2008.

［44］B.S.迪隆等［加］.人的可靠性［M］.上海: 上海科学技术出版社, 1990.

［45］陈静, 曹庆贵, 李润之.煤矿生产中人失误的预测与评价［J］.矿业安全与环保, 2007, 34（1）: 78-81.

［46］张江石, 傅贵, 邱海滨, 等.矿工个体变量与安全认识水平的关系研究［J］.中国安全生产科学技术, 2009, 5（4）: 76-79.

［47］张江石, 傅贵, 王祥尧, 等.行为与安全绩效关系研究［J］.煤炭学报, 2009, 34（6）: 857-860.

[48] Dong-Chul Seo.An explicative model of unsafe work behavior [J].Safety Science, 2005, 43 (3): 187-211.

[49] Verschuur W L, Hurts K.Modeling safe and unsafe driving behaviour [J].Accident Analysis and Prevention, 2008, 40 (2): 644-656.

[50] Gerard J. Fogarty, Andrew Shaw.Safety climate and the Theory of Planned Behavior: Towards the prediction of unsafe behavior [J].Accident Analysis and Prevention, 2010, 42 (5): 1455-1459.

[51] Tunnicliff, Deborah J, Watson, Barry C.Understanding the factors influencing safe and unsafe motorcycle rider intentions [J]. Accident Analysis and Prevention, 2011, 3 (12): 133-141.

[52] 朱国锋, 何存道, 余浩.海员安全意识初步研究 [J].心理科学, 2004, 27 (2): 361-363.

[53] 曹坚, 辛晓亚, 黄永铭.电力技工《安全意识相关因素量表》的编制 [J].中国安全科学学报, 2007 (11): 34-39.

[54] 蒙君亮.关于职工安全心理的调查分析 [J].铁道经济研究, 2008 (5): 31-34.

[55] 文兴忠.民航飞行员职业安全意识调查问卷的初步编制 [J].中国健康心理学杂志, 2008 (6).

[56] 程卫民, 周刚, 王刚, 等.人不安全行为的心理测量与分析 [J].中国安全科学报, 2009, 19 (6): 29-34.

[57] 李乃文, 姜秋敏.矿工不安全心理的结构和测量 [J].心理学探新, 2010, 30 (3): 91-96.

[58] 刘超.企业员工不安全行为影响因素分析及控制对策研究 [D].北京: 中国地质大学, 2010.

［59］Greenwood M, Woods H M. The Incidence of Industrial Accidents Upon Individuals: With Special Reference to Multiple Accidents［M］. HM Stationery Office, 1919.

［60］Newbold E M. Practical Applications of the Statistics of Repeated Events' Particularly to Industrial Accidents［J］. Journal of the Royal Statistical Society, 1927: 487-547.

［61］Skinner B F. Are theories of learning necessary?［J］. Psychological review, 1950, 57（4）: 193-216.

［62］Geller E S. Behavior-based safety in industry: Realizing the large-scale potential of psychology to promote human welfare［J］. Applied and Preventive Psychology, 2001, 10（2）: 87-105.

［63］Glendon A I, Clarke S, McKenna E. Human safety and risk management［M］. CRC Press, 2006.

［64］栗继祖. 安全行为学［M］. 北京: 机械工业出版社, 2009.

［65］Laitinen H, Marjamäki M, Päivärinta K. The validity of the TR safety observation method on building construction［J］. Accident Analysis & Prevention, 1999, 31（5）: 463-472.

［66］Cox S, Jones B, Rycraft H. Behavioral approaches to safety management within UK reactor plants［J］. Safety Science, 2004, 42（9）: 825-839.

［67］Hickman J S, Geller E S. A safety self-management intervention for mining operations［J］. Journal of Safety Research, 2003, 34（3）: 299-308.

［68］谭波, 吴超. 2000-2010年安全行为学研究进展及其分析

[J]. 中国安全科学学报，2011，21（12）：17-26.

[69] 刘荣辉，黄宝范，张德惠. 论行为安全与本质安全的关系 [J]. 劳动保护，1993，9：33-35.

[70] 谢贤平，赵梓成. 安全管理中的心理学方法 [J]. 化工矿物与加工，1993，5：44-46.

[71] 潘奋. 激励劳动者安全行为，实现企业安全化生产 [J]. 中南工学院学报，1999，13（2）：186-189.

[72] Zhou Q, Fang D, Wang X. A method to identify strategies for the improvement of human safety behavior by considering safety climate and personal experience [J]. Safety Science, 2008, 46（10）：1406-1419.

[73] 田水承，李广利，李停军，等. 基于 SD 的矿工不安全行为干预模型仿真 [J]. 煤矿安全，2014，45（8）：245-248.

[74] 栗继祖，陈新国，撖动. ABC 分析法在煤矿安全管理中的应用研究 [J]. 中国安全科学学报，2014，24（7）：140-145.

[75] 傅贵，杨春，殷文韬，等. 行为安全"2-4"模型的扩充版 [J]. 煤炭学报，2014，39（6）：994-999.

[76] Krause T R. Moving to the second generation in behavior-based safety [J]. Professional Safety, 2001, 46（5）：20-25.

[77] Hopkins A. What are we to make of safe behaviour programs? [J]. Safety Science, 2006, 44（7）：583-597.

[78] Luthans F, Kreitner R. Organizational behavior modification and beyond: An operant and social learning

approach［M］. Scott Foresman & Co, 1985.

［79］Dejoy D M. Behavior change versus culture change: Divergent approaches to managing workplace safety［J］. Safety Science, 2005, 43（2）: 105–129.

［80］张江石. 事故预防的行为科学方法研究［D］. 北京: 中国矿业大学（北京）, 2006.

［81］Cooper M D. Behavioral Safety Interventions A Review of Process Design Factors［J］. Professional Safety. 2009, 54（2）: 36–45.

［82］Li H, Lu M, Hsu S C, et al. Proactive behavior-based safety management for construction safety improvement［J］. Safety Science, 2015, 75: 107–117.

［83］Cope J G, Smith G A, Grossnickle W F. The effect of variable-rate cash incentives on safety belt use［J］. Journal of Safety Research, 1986, 17（3）: 95–99.

［84］Hermann J A, Ibarra G V, Hopkins B L. A safety program that integrated behavior-based safety and traditional safety methods and its effects on injury rates of manufacturing workers［J］. Journal of Organizational Behavior Management, 2010, 30（1）: 6–25.

［85］Choudhry R M. Behavior-based safety on construction sites: A case study［J］. Accident Analysis & Prevention, 2014, 70: 14–23.

［86］王长建, 傅贵, 董蓬勃, 等. 行为矫正技术在钻井作业事故预防中的应用研究［J］. 石油天然气学报, 2007, 29（5）: 154–157.

［87］范广进. 行为分析方法及其在铁路运输安全管理中的应用

研究［J］. 中国铁路，2008（11）：40-43.

［88］Fang D, Wu H. Development of a Safety Culture Interaction（SCI）model for construction projects［J］. Safety Science, 2013, 57：138-149.

［89］李元秀，王者堂. 基于行为安全分析法的冶金铁路运输安全管理研究［C］. 2011 年全国冶金安全环保学术交流会论文集，2011：318-322.

［90］镡志伟. 基于行为安全管理在机械加工业中的应用分析［J］. 广东化工，2013，40（20）：16-19.

［91］佟瑞鹏，刘亚飞，刘欣. 基于行为安全理论的安全管理评价普适模型与实证分析［J］. 中国安全科学学报，2014，24（6）：123-128.

［92］傅贵. 安全管理学——事故预防的行为控制方法［M］. 北京：科学出版社，2013.

［93］绍辉，王凯全. 安全心理学［M］. 北京：化学工业出版社，2004.

［94］佟瑞鹏，刘亚飞，刘欣，等. 2000-2012 年煤矿行业安全行为学研究进展及分析［C］. 北京：煤炭工业出版社，2013：118-123.

［95］佟瑞鹏. 常用安全评价方法及其应用［M］. 北京：中国劳动社会保障出版社，2011.

［96］曾俊杰. 房地产开发商安全管理评价体系研究［D］. 北京：清华大学，2013.

［97］王莲芬，许树柏. 层次分析法引论［M］. 北京：中国人民大学出版社，1990.

［98］Ohnishi S, Yamanoi T, Imai H. A Fuzzy Representation for Weights of Alternatives in AHP［C］. EUSFLAT Conf,

2007（2）：311-316.

［99］Li Fengwei, Phoon Kok Kwang, Du Xiuli, et al. Improved AHP Method and Its Application in Risk Identification［J］. Journal of Construction Engineering and Management. 2013, 139（3）：312-320.

［100］屈婷.矿工不安全行为量表设计及实证研究［D］.西安：西安科技大学，2013.

［101］任玉辉.煤矿员工不安全行为影响因素分析及预控研究［D］.北京：中国矿业大学（北京），2014.

［102］张波，虞朝晖，孙强，等.系统动力学简介及其相关软件综述［J］.环境与可持续发展，2010（2）：1-4.

［103］刘思峰，阮爱清，方志耕，等.产业集群租金的系统动力学模型研究［J］.中国管理科学，2007（15）：516-520.

［104］苗丽娜.基于系统动力学的金融生态环境评价研究［D］.武汉：武汉理工大学，2007.

［105］张利华.煤矿瓦斯爆炸危险源SD模型构建及仿真研究［D］.西安：西安科技大学，2012.

附　录

附录 I

组织安全行为构成要素调查表

您好！本调查问卷仅用于学术研究，您的积极参与对本次调查的成功至关重要，请认真作答。

答案没有对错之分，不必过多思考，根据初步判断即可。

请不要漏掉任何题目，谢谢。

本量表全部为选择题，您只需在相应选项上划（√）即可。

基本资料：

◆您的文化程度

（1）初中及以下（2）高中（中专）（3）大专（4）本科（5）研究生及以上

◆您的年龄

（1）18~25 周岁（2）26~30 周岁（3）31~35 周岁（4）36~40周岁（5）41~45 周岁（6）46 周岁以上

◆您的工龄

（1）1 年以下（2）1~5 年（3）6~10 年（4）10 年以上

◆您的职务

（1）矿处长（2）科队长（3）班组长（4）矿工

请根据您自己的真实情况，判断下列各项描述与之的符合程度，并在右侧相应的数字上画"√"。

1—完全符合；2—基本符合；3—部分符合；4—基本不符

合；5—完全不符

　　e1 我深刻理解并认同本单位的安全文化。　　1 2 3 4 5

　　e2 我非常认可本单位对安全文化培训所做的努力。

　　　　　　　　　　　　　　　　　　　　　　1 2 3 4 5

　　e3 我可以定期收到单位下发的安全文化手册。　1 2 3 4 5

　　e4 我可以清楚地知道自己需要遵守哪些安全法规。

　　　　　　　　　　　　　　　　　　　　　　1 2 3 4 5

　　e5 我对要遵守的安全法规内容非常熟悉。　　1 2 3 4 5

　　e6 我非常愿意在工作中时刻遵守安全法规要求。

　　　　　　　　　　　　　　　　　　　　　　1 2 3 4 5

　　e7 我按照要求签订了安全责任书。　　　　　1 2 3 4 5

　　e8 我非常清楚自己的安全责任有哪些。　　　1 2 3 4 5

　　e9 我能够很好地履行自己的安全责任。　　　1 2 3 4 5

　　e10 我能够轻易获得自己所需的安全教育培训。 1 2 3 4 5

　　e11 我从安全教育培训中学到的安全知识能够满足我的安全
需求。　　　　　　　　　　　　　　　　　　1 2 3 4 5

　　e12 我受到的安全教育培训对我进行安全工作很有帮助。

　　　　　　　　　　　　　　　　　　　　　　1 2 3 4 5

　　e13 我觉得安全监督检查能够对我起到督促和警示作用。

　　　　　　　　　　　　　　　　　　　　　　1 2 3 4 5

　　e14 我认为本单位能够按期进行安全监督检查。 1 2 3 4 5

　　e15 我觉得安全监督检查能够很好地落实安全隐患整改。

　　　　　　　　　　　　　　　　　　　　　　1 2 3 4 5

　　e16 我认为本单位开展的所有安全生产活动都能够得到资金
保障。　　　　　　　　　　　　　　　　　　1 2 3 4 5

　　e17 我觉得工作环境中的安全设备设施已经很完善。

　　　　　　　　　　　　　　　　　　　　　　1 2 3 4 5

e18 我如果提出安全建议能够及时得到安全奖励。

1 2 3 4 5

e19 我感觉每次进行应急救援演练都可以配发到合适的应急装备。

1 2 3 4 5

e20 我可以很好地参与到应急救援演练过程中去。

1 2 3 4 5

e21 我认为自己处于危难中时能够得到及时救助。

1 2 3 4 5

e22 我清楚地知道事故发生时应如何向上级汇报。

1 2 3 4 5

e23 我认为事故责任者得到了正确处理。　　1 2 3 4 5

e24 每次事故发生后，单位都组织我们进行了事故经验总结学习。

1 2 3 4 5

e25 我觉得自己能够很好地参与到本单位组织的所有安全活动中去。

1 2 3 4 5

e26 我认为本单位凡是与安全有关的事宜都做得非常好。

1 2 3 4 5

附录 II

组织安全行为对个体行为作用机理调查表

您好！本调查问卷仅用于学术研究，您的积极参与对本次调查的成功至关重要，请认真作答。

答案没有对错之分，不必过多思考，根据初步判断即可。

请不要漏掉任何题目，谢谢。

本量表全部为选择题，您只需在相应选项上划（√）即可。

基本资料：

◆您的文化程度

（1）初中及以下（2）高中（中专）（3）大专（4）本科（5）研究生及以上

◆您的年龄

（1）18~25周岁（2）26~30周岁（3）31~35周岁（4）36~40周岁（5）41~45周岁（6）46周岁以上

◆您的工龄

（1）1年以下（2）1~5年（3）6~10年（4）10年以上

◆您的职务

（1）矿处长（2）科队长（3）班组长（4）矿工

请根据您自己的真实情况，判断下列各项描述与之的符合程度，并在右侧相应的数字上画"√"。

1—完全符合；2—基本符合；3—部分符合；4—基本不符合；5—完全不符

e1 我深刻理解并认同本单位的安全文化。　　　1 2 3 4 5

e2 我非常认可本单位对安全文化培训所做的努力。

1 2 3 4 5

e3 我可以定期收到单位下发的安全文化手册。　1 2 3 4 5

e4 我可以清楚地知道自己需要遵守哪些安全法规。

1 2 3 4 5

e5 我对要遵守的安全法规内容非常熟悉。　1 2 3 4 5

e6 我非常愿意在工作中时刻遵守安全法规要求。

1 2 3 4 5

e7 我按照要求签订了安全责任书。　1 2 3 4 5

e8 我非常清楚自己的安全责任有哪些。　1 2 3 4 5

e9 我能够很好地履行自己的安全责任。　1 2 3 4 5

e10 我能够轻易获得自己所需的安全教育培训。　1 2 3 4 5

e11 我从安全教育培训中学到的安全知识能够满足我的安全需求。　1 2 3 4 5

e12 我受到的安全教育培训对我进行安全工作很有帮助。

1 2 3 4 5

e13 我觉得安全监督检查能够对我起到督促和警示作用。

1 2 3 4 5

e14 我认为本单位能够按期进行安全监督检查。　1 2 3 4 5

e15 我觉得安全监督检查能够很好地落实安全隐患整改。

1 2 3 4 5

e16 我认为本单位开展的所有安全生产活动都能够得到资金保障。　1 2 3 4 5

e17 我觉得工作环境中的安全设备设施已经很完善。

1 2 3 4 5

e18 我如果提出安全建议能够及时得到安全奖励。

1 2 3 4 5

e19 我感觉每次进行应急救援演练都可以配发到合适的应急
装备。   1 2 3 4 5

e20 我可以很好地参与到应急救援演练过程中去。
                                               1 2 3 4 5

e21 我认为自己处于危难中时能够得到及时救助。
                                               1 2 3 4 5

e22 我清楚地知道事故发生时应如何向上级汇报。
                                               1 2 3 4 5

e23 我认为事故责任者得到了正确处理。   1 2 3 4 5

e24 每次事故发生后，单位都组织我们进行了事故经验总结
学习。   1 2 3 4 5

e25 我认为记忆对我的安全工作很重要。   1 2 3 4 5

e26 我认为通过锻炼能提高我的记忆能力。   1 2 3 4 5

e27 我认为思维对我的安全工作很重要。   1 2 3 4 5

e28 我认为通过后天学习能改变我的思维方式。 1 2 3 4 5

e29 我认为情绪对我的安全工作很重要。   1 2 3 4 5

e30 我认为通过努力能够控制我的情绪。   1 2 3 4 5

e31 我认为意志对我的安全工作很重要。   1 2 3 4 5

e32 我认为在工作时我的意志非常坚定。   1 2 3 4 5

e33 我认为性格对我的安全工作很重要。   1 2 3 4 5

e34 我认为我的性格一向非常稳定。   1 2 3 4 5

e35 我认为气质对我的安全工作很重要。   1 2 3 4 5

e36 我认为后天的培养对气质影响很大。   1 2 3 4 5

e37 我认为能力对我的安全工作很重要。   1 2 3 4 5

e38 我认为后天的培养对能力影响很大。   1 2 3 4 5

e39 我认为态度对我的安全工作很重要。   1 2 3 4 5

e40 我认为我的态度很容易受工友影响。   1 2 3 4 5

e41 我认为知识对我的安全工作很重要。　　　1 2 3 4 5

e42 我认为在单位我很容易获取我所需要的知识。

　　　　　　　　　　　　　　　　　　　1 2 3 4 5

e43 我认为专业操作技能对我的安全工作很重要。

　　　　　　　　　　　　　　　　　　　1 2 3 4 5

e44 我认为教育培训可以提升我的专业操作技能。

　　　　　　　　　　　　　　　　　　　1 2 3 4 5

e45 我认为不安全行为是正常行为发生偏差造成的。

　　　　　　　　　　　　　　　　　　　1 2 3 4 5

e46 我认为不安全行为是由于正常行为做得不够好。

　　　　　　　　　　　　　　　　　　　1 2 3 4 5

附录Ⅲ

组织安全行为评估指标体系中考评项的设定

二级指标	三级指标	考评项
安全法规遵守	法律法规获取和清单备案	煤矿安全领导机构应组织制定法律法规标识与评价制度，并明确指定负责收集法律法规的主责部门和各协助部门，确定具体负责人员
		煤矿安全领导机构应明确获取渠道和时限，主责部门和各协助部门应按要求及时获取法律、法规和标准等
		煤矿负责法律法规的主责部门应建立《法律、法规及其他要求清单》和《法律、法规及其他要求适用条款》，并建立法律法规适用性清单
		安全领导机构应明确要求下级单位进行法律法规适用性清单备案工作，应明确备案负责部门
		负责清单备案的部门应做好备案记录，并负责向上级单位的备案对接工作
	法律法规评审和评价	煤矿企业的安全领导机构每年组织成立评审小组，进行法律、法规的评审，对企业现有的法律法规进行适用性评价，并有详细记录
		煤矿企业的安全领导机构应根据收集到的法律法规，指定部门和人员对煤矿的安全管理制度进行编制和修订完善
		主责部门应及时将收集到的法律、法规传达给相关人员，重要的法律、法规应组织培训，并应建立培训记录
		主责部门应及时进行编制和修订完善制度，并制定今后的改进目标，对于不符合法律法规的制定整改措施并负责实施
		定期进行法律法规和其他规范性要求的符合性评价并保持记录

续表

二级指标	三级指标	考评项
安全责任落实	领导机构安全生产责任	煤矿的安全生产领导机构应建立横向到边、纵向到底的安全生产责任制，即需建立煤矿安全生产监督机构和保障机构及人员的安全生产责任制度
		煤矿的安全生产领导机构需明确各部门或末端安全生产单元的安全生产责任，并制定明确可以考核的责任指标
		煤矿企业的安全生产领导机构需明确煤矿有关安全生产保障机构，并要求其建立与本部门业务相关联的安全管理工作流程等
	保障机构安全生产责任	调度室及时传达、贯彻上级对安全工作的紧急指示、命令、通知、决议和矿委的决定，并监督执行
		生产技术科应按照质量标准化标准，建立健全工程质量管理制度，负责组织工程质量的检查、抽查和验收
		机电科应落实矿井上、下机电设备包机检查制度，并及时组织处理和分析追查机电事故及责任
		人事行政部负责组织员工安全培训，员工保险管理，特种作业和特殊岗位人员配备计划及管理
		财务科应按照矿井年度安全生产指标采购和发放劳动用品，并按规定要求足额提取安全技术措施经费，并做到专款专用
安全文化建设	安全文化规划	煤矿安全生产领导机构应对煤矿安全文化进行定位，并制定文化发展规划
		煤矿安全文化应与上级单位倡导的安全文化相符合，同时符合地域安全文化
	安全文化落实	煤矿应建立员工监督网络，形成各级安全网络管理及组织体系，把员工群众反馈的各类隐患及时上报，并督促整改，打造员工参与安全管理的文化基础
		煤矿应开展安全文化教育工作，提高员工的安全素质，让员工理解安全文化
		煤矿应开展安全生产年或安全生产月等活动，营造良好的安全氛围
		煤矿应建立群众测评制度，深入基层，倾听员工对劳动环境、劳动条件以及对劳动保护的意见
		煤矿应开展管理岗位和员工的安全行为"观察"，以便从行为上落实安全文化

续表

二级指标	三级指标	考评项
安全教育培训	制度及计划职责	煤矿安全生产领导机构应按有关法律法规要求建立和健全安全生产教育培训制度
		煤矿安全生产领导办公室应与人事部门组织制定企业安全负责人、安全监督管理人员和特种作业人员的持证和考核年度工作计划
		煤矿的安全管理部门应该制定员工的安全培训工作计划，包括三级教育、特殊岗位培训等
	教育培训组织实施	煤矿的安全管理部门或人事部按各自工作职责，负责组织企业负责人、安全管理人员、特种作业人员的安全管理培训
		煤矿的安全管理部门或人事部需建立安全教育培训记录、证件等台账
		煤矿的生产部门应督促相关方对一线员工、特种作业人员等进行安全生产培训，对于生产过程中采用的"四新"（新工艺、新技术、新材料或者使用新设备）施行前，应参加相关方组织的对涉及的员工进行的专门安全教育培训
		煤矿安全管理部门应建立企业内部安全培训师、外部专家培训
		煤矿安全管理部门应建立培训评估，对企业组织的各类培训的效果进行评估
安全监督检查	监督检查实施	煤矿安全生产领导机构负责安全监督检查的组织落实工作
		重要的安全检查，如年度大检查，煤矿安全生产领导机构需组织有关启动会议、组织安排安全检查跟进部门和人员，并有会议记录
		煤矿进行的所有安全监督检查都应有详细的标准化检查清单及记录
	安全隐患整改和关闭	煤矿中的安全监管部门应负责对安全检查中发现的问题下发隐患整改通知单，落实到具体负责人、整改期限
		煤矿中的安全监管部门负责对安全监督检查发现的隐患进行整改关闭，并提交有关整改报告
		煤矿的安全生产领导机构负责安全隐患整改的复查工作
		煤矿的安全管理部门对于检查的违章处罚、隐患整改等情况需建立相关档案

二级指标	三级指标	考评项
安全资金投入	安全资金保障职责	煤矿安全领导机构负责建立安全生产费用管理制度，编制安全生产规划、年度安全工作计划
		财务部门负责按所编制的安全生产规划、年度安全工作计划等，安排并保障安全生产费用的投入
	安全资金投入记录	劳动安全防护用品、安全教育培训等资金投入记录完整且符合安全生产规划、年度安全工作计划要求
		对煤矿中的新施工项目和新设备等的安全费用的支付管理要严格有效，并有完整记录
应急救援管理	应急能力演练	煤矿各部门在预案批准发布后，制定应急工作实施方案，进一步组织落实预案中的各项工作，明确各项职责和任务分工
		安全管理部门应按照应急预案规定的培训计划及方式，对各级领导、应急管理和救援人员展开专题培训，对广大员工进行应急知识的宣传、教育，并有完整记录
		各基层部门需按应急预案关于演习的类型、频次、范围、内容、组织等方面的规定展开演习；演习应有计划和方案、有记录、有总结、有报告
	应急救援处理	发生紧急事故时严格按照应急救援预案进行处置并记录完整
		发生紧急事故时应急救援系统运行正常、效果良好
安全事故管理	安全事故处理程序	煤矿安全生产领导机构应明确参与事故调查处理的部门及人员的职责
		对于安全事故应按"四不放过"原则进行处理，并有相关记录
		对于较大事故，应向当地政府部门进行汇报，并协助政府部门处理
		按照事故等级，建立分类事故处理程序，并有签发和审批手续
		煤矿内的人事部门应与当地劳动部门建立工伤认定的联系渠道，并对事故工伤进行积极沟通和跟进，以利于事故后期处理

二级指标	三级指标	考评项
安全事故管理	安全事故档案管理	煤矿内的安全管理部门应建立事故台账，并符合有关规定的要求
		事故档案应建立分级保管机制，并报上级单位存档
		煤矿内的安全管理部门对本单位安全事故进行统计分析，并编写事故应对报告

附录Ⅳ

组织安全行为评估指标权重调研问卷

您好！请根据您的经验和知识，对煤矿安全管理组织安全行为的 8 个二级指标进行排序并对每个二级指标下的三级指标的重要程度进行打分，即对煤矿安全管理组织行为进行评估时，不同的指标对安全的影响程度可能不同。

您的个人信息：年龄_____；从事安全管理的工作年限：_____；专业：_____ 职称：_____。

问卷填写方法为：

第一部分：对 A~H 中的各指标对组织安全行为影响的重要程度进行排序。

第二部分：对每一个二级指标对应的两个三级指标的重要程度进行对比，首先选择更重要的指标，然后判断这个指标比另一个指标重要多少。重要程度分为同样重要、稍微重要、明显重要、强烈重要、极端重要，分别赋值为 1、3、5、7、9。请在对应选择后面打"√"。

例如：指标Ⅰ和指标Ⅱ进行比较，如果认为Ⅱ比Ⅰ重要，则选择Ⅱ；如果Ⅱ与Ⅰ同样重要，则选择 1；Ⅱ比Ⅰ稍微重要，则选择 3；Ⅱ比Ⅰ明显重要，则选择 5；Ⅱ比Ⅰ强烈重要，则选择 7；Ⅱ比Ⅰ极端重要，则选择 9。

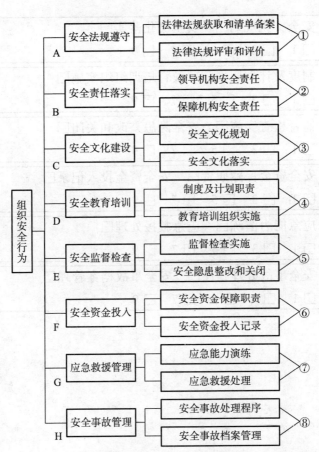

第一部分：对 A~H 中的各指标按重要程度大小的排序结果为：

_____。

第二部分：

① | 法律法规获取和清单备案□　法律法规评审和评价□
　　□ 1　　□ 3　　□ 5　　□ 7　　□ 9

② | 领导机构安全责任□　保障机构安全责任□
　　□ 1　　□ 3　　□ 5　　□ 7　　□ 9

③　安全文化规划□　安全文化落实□
　　□ 1　□ 3　□ 5　□ 7　□ 9

④　制度及计划职责□　教育培训组织实施□
　　□ 1　□ 3　□ 5　□ 7　□ 9

⑤　监督检查实施□　安全隐患整改和关闭□
　　□ 1　□ 3　□ 5　□ 7　□ 9

⑥　安全资金保障职责□　安全资金投入记录□
　　□ 1　□ 3　□ 5　□ 7　□ 9

⑦　应急能力演练□　应急救援处理□
　　□ 1　□ 3　□ 5　□ 7　□ 9

⑧　安全事故处理程序□　安全事故档案管理□
　　□ 1　□ 3　□ 5　□ 7　□ 9

附录 V

矿工个体不安全行为影响因素调查问卷

您好！

感谢您参加本次问卷调查，您的回答对本研究将起到重要
作用。请您根据自身的工作体会认真填写。本问卷为纯学术用
途，采用匿名的方式，绝不会泄露您填写的信息。

第一部分：基本信息

您的年龄：＿＿＿＿＿＿＿＿＿＿＿

您的文化程度：＿＿＿＿＿＿＿＿＿

您的工作年限：＿＿＿＿＿＿＿＿＿

第二部分：问题

您在从事煤矿的相关工作时，哪些因素会诱发您产生不安全行
为（不安全行为是指在生产过程中发生的可能直接或间接导致事故
发生的违反操作规程或安全规定的行为，包括违章指挥、违章作业、
违反劳动纪律等"三违"行为），您可以从自身的心理、生理等内在
因素及外部环境等因素，或者您能想到的其他任何角度的因素？

1. ＿＿＿＿＿＿＿＿＿＿＿＿＿＿＿＿＿＿

2. ＿＿＿＿＿＿＿＿＿＿＿＿＿＿＿＿＿＿

3. ＿＿＿＿＿＿＿＿＿＿＿＿＿＿＿＿＿＿

4. ＿＿＿＿＿＿＿＿＿＿＿＿＿＿＿＿＿＿

5. ＿＿＿＿＿＿＿＿＿＿＿＿＿＿＿＿＿＿

6. ＿＿＿＿＿＿＿＿＿＿＿＿＿＿＿＿＿＿

附录Ⅵ

矿工个体不安全行为评估调查问卷

您好！非常感谢您参与此次问卷调查，这是一份关于矿工个体不安全行为评估的初级量表，请您根据自身的真实感受进行回答。问卷为纯学术用途，采取匿名的方式，对您提供的信息我们会绝对保密。

第一部分：个人信息

个人信息共包含 4 个问题，请根据您的情况在适当的序号下面打"√"。

1. 年龄：

① 20~25 周岁　　　　② 26~30 周岁

③ 31~40 周岁　　　　④ 41 周岁以上

2. 文化程度：

①初中及以下　　　　②高中或中专

③大专　　　　　　　④本科及以上

3. 工龄：

① 5 年以下　　　　② 5~10 年

③ 10 年以上

4 健康状况：

①良好　　　　　②一般　　　　　③较差

第二部分：矿工个体不安全行为评估初级量表

本部分为矿工个体不安全行为评估初级量表，包含三个分量表：个体内在因素分量表、组织内部因素分量表和外部环境因素分量表。请您针对各分量表中的问题，根据您工作中的实际感受，在相应的数字上打"√"。

1—非常不同意；2—不同意；3—不一定；4—同意；5—非常同意

一、个体内在因素分量表

1. 我能随时感觉到矿井下面出现的异常情况。　1 2 3 4 5

2. 我的记忆力较差，很健忘，经常记不住领导布置的任务。

1 2 3 4 5

3. 我的意志比较坚强，在井下作业遇到困难时我依然能够坚持正确的操作，不走"捷径"。　1 2 3 4 5

4. 由于思维定式，在出现我未遇到过的异常情况时，我可能会做出错误决策。　1 2 3 4 5

5. 我平时很容易冲动，这使我在工作中容易产生不安全行为。

1 2 3 4 5

6. 在工作中，我喜欢冒险，争强好胜，不愿意接纳别人的意见。　1 2 3 4 5

7. 情绪波动会影响我的正常工作，会使我产生不安全行为。

1 2 3 4 5

8. 如果工作任务分配不公或是奖惩不公，会使我产生抵触情绪并在工作中进行发泄。　1 2 3 4 5

9. 我的气质类型较适合我现在从事的工作。　1 2 3 4 5

10. 相对于同龄人我的反应比较迟钝。　1 2 3 4 5

11. 在工作过程中，我认为安全是第一位的。　1 2 3 4 5

12. 我认为事故是可以避免的。　1 2 3 4 5

13. 当工作出现失误受到批评时，我能够虚心接受并主动改正。

1 2 3 4 5

14. 我在工作时经常会出现注意力不集中的情况。

　　　　　　　　　　　　　　　　　1 2 3 4 5

15. 当发现有工友存在违章行为时，我会立即上前制止。

　　　　　　　　　　　　　　　　　1 2 3 4 5

16. 我认为在预防煤矿事故方面，每一个员工都有一份责任。

　　　　　　　　　　　　　　　　　1 2 3 4 5

17. 我的身体健康状况比较差，这使我在工作中有时力不从心。

　　　　　　　　　　　　　　　　　1 2 3 4 5

18. 我的身体协调性不太好，工作中有时会导致操作失误。

　　　　　　　　　　　　　　　　　1 2 3 4 5

19. 一旦工作任务量增加，我很容易感觉到疲劳并出现工作失误。　　　　　　　　　　　　　　　1 2 3 4 5

20. 每个月总有几天心情不好，导致状态不佳，工作中容易疲劳和健忘。　　　　　　　　　　　　　1 2 3 4 5

21. 职业病（如双手震颤、听力下降或耳鸣、尘肺等）已经给我的正常工作带来不便。　　　　　　　1 2 3 4 5

22. 我掌握了所有的安全操作规程。　　1 2 3 4 5

23. 我掌握了所有安全防护用具的正确使用方法。

　　　　　　　　　　　　　　　　　1 2 3 4 5

24. 我对自己所从事作业的操作流程非常熟练。 1 2 3 4 5

25. 我认为工作单位的各方面做得都很好，我对自己的工作很满意。　　　　　　　　　　　　　　1 2 3 4 5

26. 我能分辨出不同安全标志的含义。　 1 2 3 4 5

27. 我知道煤矿中可能发生的各种事故并了解事故后果的严重性。　　　　　　　　　　　　　　　1 2 3 4 5

28. 我掌握了个体防护的相关知识并知道需要采取的正确措施。

　　　　　　　　　　　　　　　　　1 2 3 4 5

29. 我能识别出我所在作业场所中的危险源、隐患。

　　　　　　　　　　　　　　　　1 2 3 4 5

30. 我掌握了各种突发事故的应对方法和救援措施。

　　　　　　　　　　　　　　　　1 2 3 4 5

31. 我有过处理事故隐患和紧急应对井下突发事件的经历。

　　　　　　　　　　　　　　　　1 2 3 4 5

32. 当发生事故时，我具备应急处置的能力。　1 2 3 4 5

二、组织内部因素分量表

1. 企业进行了全面的安全文化建设，如设立安全文化长廊、展览板、安全文化手册等。　　　　　　1 2 3 4 5

2. 我深刻认同并主动践行企业的安全文化。　1 2 3 4 5

3. 企业为每个新员工提供充分的岗前培训，能够确保其掌握各种安全制度和操作规程。　　　　　1 2 3 4 5

4. 企业会定期给员工开展有针对性的安全教育培训活动。

　　　　　　　　　　　　　　　　1 2 3 4 5

5. 我参加的安全教育培训活动对作业安全有很大帮助。

　　　　　　　　　　　　　　　　1 2 3 4 5

6. 我认为企业各层级人员的安全责任明确。　1 2 3 4 5

7. 我明确自己的安全责任，这使我在作业时更加注重安全。

　　　　　　　　　　　　　　　　1 2 3 4 5

8. 我认为企业日常的监督检查很严格，让我对工作环境的安全更有信心。　　　　　　　　　　1 2 3 4 5

9. 我认为企业的事故管理机制很严格，事故责任人均能受到应有的惩罚。　　　　　　　　　1 2 3 4 5

10. 每次事故发生后，单位都组织我们进行了事故经验总结学习。　　　　　　　　　　　　1 2 3 4 5

11. 通过以往事故经验的学习，我认为我以后不会犯同样的

错误。　　　　　　　　　　　　　　　　　　1 2 3 4 5

12. 企业有整套完善的应急救援管理体系。　　1 2 3 4 5

13. 企业针对每个岗位可能发生的事故都制定了相应的应急预案，并能定期开展应急救援演练。　　　　　　1 2 3 4 5

14. 通过应急救援演练，我掌握了应对突发情况和发生事故后的应急处理技能。　　　　　　　　　　　　1 2 3 4 5

15. 企业设有安全奖惩措施。　　　　　　　　1 2 3 4 5

16. 我觉得现有的奖惩措施激励我们在工作中更加注重安全。

　　　　　　　　　　　　　　　　　　　　1 2 3 4 5

17. 我认为企业制定的安全管理制度合理且符合国家的有关法律法规。　　　　　　　　　　　　　　　1 2 3 4 5

18. 我所在部门的安全管理制度很合理。　　　1 2 3 4 5

19. 我从事的作业有明确的操作规程指导。　　1 2 3 4 5

20. 我所在的班组经常提供机会让员工彼此之间沟通、交流安全经验和操作心得。　　　　　　　　　　1 2 3 4 5

21. 安全部门领导能及时对员工提出的问题进行反馈并经常下基层与员工讨论安全问题。　　　　　　　　1 2 3 4 5

22. 我认为班组长在分配工作任务时很公平且能够考虑到我偶尔出现的不适的身体状况。　　　　　　　　1 2 3 4 5

23. 企业举办的安全培训和事故应急演练等活动很有号召力，让我每次都能够积极参与。　　　　　　　1 2 3 4 5

24. 企业能够提供机会让普通员工参与到基层的安全管理工作中。　　　　　　　　　　　　　　　　1 2 3 4 5

25. 员工对企业安全管理的意见能够通过有效途径传达给上层管理者。　　　　　　　　　　　　　　1 2 3 4 5

26. 我认为企业的上下级沟通渠道能够时刻保持畅通。

　　　　　　　　　　　　　　　　　　　　1 2 3 4 5

27. 组织给我安排的工作不适合我，让我感觉压力很大。

1 2 3 4 5

28. 组织给我安排的任务量比较大，让我感觉到工作压力很大。

1 2 3 4 5

29. 我觉得企业整体的安全氛围很好，对我产生了积极的影响。

1 2 3 4 5

30. 我所在的班组里，当出现小的工伤和事故时，大家都能如实地向上级汇报。　　　　　　　　　　　1 2 3 4 5

31. 班组长能够及时发现和制止"三违"行为。 1 2 3 4 5

32. 我觉得我所在部门的领导有较强的领导能力，我愿意听从他的指挥。　　　　　　　　　　　　　　1 2 3 4 5

33. 企业的最高管理者经常参与安全工作，我能够感受到他对安全的态度。　　　　　　　　　　　　　1 2 3 4 5

34. 当企业管理者得知某处存在安全隐患时会立即采取有效措施。　　　　　　　　　　　　　　　　1 2 3 4 5

35. 工友之间能够随时讨论自己遇到的困难。 1 2 3 4 5

36. 班组内有人出现违章操作时，其他人能够帮助其改正。

1 2 3 4 5

37. 我觉得我所在的部门工友之间关系很好，使我在工作中心情舒畅。　　　　　　　　　　　　　　1 2 3 4 5

三、外部环境分量表

1. 井下工作面冬季温度低、风速大，夏季温度高，对我的正常工作产生了影响。　　　　　　　　　1 2 3 4 5

2. 我所在的作业场所各种机器的噪声很大，听不清或听不到报警和其他同事的安全警告。　　　　　1 2 3 4 5

3. 我所在的作业场所各种机器的噪声很大，长期在这种环境下工作，我的操作准确性会下降。　　　　1 2 3 4 5

4. 我所在井下的工作场所中空气湿度大（环境潮湿），给我的作业带来不便。　　　　　　　　　　　　1 2 3 4 5

5. 我所在井下的工作场所中粉尘浓度较大，影响了我正常的操作并使我身体感觉不适。　　　　　　　　1 2 3 4 5

6. 我所在井下的工作场所中照明效果不好，光线昏暗，影响我的操作准确性。　　　　　　　　　　　　1 2 3 4 5

7. 我有充足的时间来完成我负责的每一项工作任务。

　　　　　　　　　　　　　　　　　　1 2 3 4 5

8. 我认为我的工作时间不规律，这有时会影响我的工作状态。

　　　　　　　　　　　　　　　　　　1 2 3 4 5

9. 我认为我的工作太单调和乏味。　　　1 2 3 4 5

10. 我觉得我的工作任务量较大，时常感觉劳动强度大。

　　　　　　　　　　　　　　　　　　1 2 3 4 5

11. 我的家庭关系和睦，家人让我感觉幸福、心情愉悦，这使我对工作也充满了热情和动力。　　　　　　1 2 3 4 5

12. 当遇到家庭琐事或变故时，会影响到我的工作。

　　　　　　　　　　　　　　　　　　1 2 3 4 5

13. 在生活当中与朋友发生矛盾，有时也会影响到我的工作。

　　　　　　　　　　　　　　　　　　1 2 3 4 5

14. 良好的社会人际关系使我在工作中更有自信和激情。

　　　　　　　　　　　　　　　　　　1 2 3 4 5

附录Ⅶ

矿工个体不安全行为评估正式量表的项目构成

一、个体内在因素分量表

1. 我能随时感觉到矿井下面出现的异常情况。

2. 我的记忆力较差，很健忘，经常记不住领导布置的任务。

3. 我的意志比较坚强，在井下作业遇到困难时我依然能够坚持正确的操作，不走"捷径"。

4. 由于思维定式，在出现我未遇到过的异常情况时，我可能会做出错误决策。

5. 我平时很容易冲动，这使我在工作中容易产生不安全行为。

6. 在工作中，我喜欢冒险，争强好胜，不愿意接纳别人的意见。

7. 情绪波动会影响我的正常工作，会使我产生不安全行为。

8. 如果工作任务分配不公或是奖惩不公，会使我产生抵触情绪并在工作中进行发泄。

9. 我的气质类型较适合我现在从事的工作。

10. 相对于同龄人我的反应比较迟钝。

11. 在工作过程中，我认为安全是第一位的。

12. 我认为事故是可以避免的。

13. 当工作出现失误受到批评时，我能够虚心接受并主动改正。

14. 我在工作时经常会出现注意力不集中的情况。

15. 我的身体健康状况比较差，这使我在工作中有时力不从心。

16. 我的身体协调性不太好，工作中有时会导致操作失误。

17. 一旦工作任务量增加，我很容易感觉到疲劳并出现工作失误。

18. 职业病（如双手震颤、听力下降或耳鸣、尘肺等）已经给我的正常工作带来不便。

19. 我掌握了所有的安全操作规程。

20. 我掌握了所有安全防护用具的正确使用方法。

21. 我对自己所从事作业的操作流程非常熟练。

22. 我能分辨出不同安全标志的含义。

23. 我知道煤矿中可能发生的各种事故并了解事故后果的严重性。

24. 我掌握了个体防护的相关知识并知道需要采取的正确措施。

25. 我能识别出我所在作业场所中的危险源、隐患。

26. 我掌握了各种突发事故的应对方法和救援措施。

27. 当发生事故时，我具备应急处置的能力。

二、组织内部因素分量表

1. 企业进行了全面的安全文化建设，如设立安全文化长廊、展览板、安全文化手册等。

2. 我深刻认同并主动践行企业的安全文化。

3. 企业为每个新员工提供充分的岗前培训，能够确保其掌握各种安全制度和操作规程。

4. 企业会定期给员工开展有针对性的安全教育培训活动。

5. 我参加的安全教育培训活动对作业安全有很大帮助。

6. 我认为企业各层级人员的安全责任明确。

7. 我明确自己的安全责任，这使我在作业时更加注重安全。

8. 我认为企业日常的监督检查很严格，让我对工作环境的安全更有信心。

9. 我认为企业的事故管理机制很严格，事故责任人均能受到应有的惩罚。

10. 每次事故发生后，单位都组织我们进行了事故经验总结学习。

11. 通过以往事故经验的学习，我认为我以后不会犯同样的错误。

12. 企业有整套完善的应急救援管理体系。

13. 企业针对每个岗位可能发生的事故都制定了相应的应急预案，并能定期地开展应急救援演练。

14. 通过应急救援演练，我掌握了应对突发情况和发生事故后的应急处理技能。

15. 我觉得现有的奖惩措施激励我们在工作中更加注重安全。

16. 我所在的班组经常提供机会让员工彼此之间沟通、交流安全经验和操作心得。

17. 安全部门领导能及时对员工提出的问题进行反馈并经常下基层与员工讨论安全问题。

18. 我认为班组长在分配工作任务时很公平且能够考虑到我偶尔出现的不适的身体状况。

19. 企业举办的安全培训和事故应急演练等活动很有号召力，让我每次都能够积极参与。

20. 企业能够提供机会让普通员工参与到基层的安全管理工作中。

21. 员工对企业安全管理的意见能够通过有效途径传达给上层管理者。

22. 我认为企业的上下级沟通渠道能够时刻保持畅通。

23. 我觉得企业整体的安全氛围很好，对我产生了积极的影响。

24. 我所在的班组里，当出现小的工伤和事故时，大家都能如实地向上级汇报。

25. 班组长能够及时发现和制止"三违"行为。

26. 企业的最高管理者经常参与安全工作，我能够感受到他对安全的态度。

27. 当企业管理者得知某处存在安全隐患时，会立即采取有效措施。

28. 工友之间能够随时讨论自己遇到的困难。

29. 班组内有人出现违章操作时，其他人能够帮助其改正。

30. 我觉得我所在的部门工友之间关系很好，使我在工作中心情舒畅。

三、外部环境分量表

1. 井下工作面冬季温度低、风速大，夏季温度高，对我的正常工作产生了影响。

2. 我所在的作业场所各种机器的噪声很大，听不清或听不到报警和其他同事的安全警告。

3. 我所在的作业场所各种机器的噪声很大，长期在这种环境下工作，我的操作准确性会下降。

4. 我所在井下的工作场所中空气湿度大（环境潮湿），给我的作业带来不便。

5. 我所在井下的工作场所中粉尘浓度较大，影响了我正常的操作并使我身体感觉不适。

6. 我所在井下的工作场所中照明效果不好，光线昏暗，影响我的操作准确性。

7. 我有充足的时间来完成我负责的每一项工作任务。

8. 我认为我的工作时间不规律，这有时会影响我的工作状态。

9. 我认为我的工作太单调和乏味。

10. 我觉得我的工作任务量较大，时常感觉劳动强度大。

11. 我的家庭关系和睦，家人让我感觉幸福、心情愉悦，这使我对工作也充满了热情和动力。

12. 当遇到家庭琐事或变故时，会影响到我的工作。

13. 在生活当中与朋友发生矛盾，有时也会影响到我的工作。

14. 良好的社会人际关系使我在工作中更有自信和激情。

附录Ⅷ

煤矿员工不安全行为干预方法调查问卷

为改善煤矿员工在生产中的不安全行为，保障煤矿安全，特对煤矿所实施的一些改善不安全行为的方法进行调查，您的回答将有助于我们对煤矿的实际情况有深入了解。本问卷采取不记名的方式，仅用于学术研究，您根据个人对各种方法的认识如实选择即可。

1. 基本信息调查

（1）您的年龄＿＿＿＿＿＿＿

（2）您的学历＿＿＿＿＿＿＿

（3）您的工龄＿＿＿＿＿＿＿

（4）你的工作岗位＿＿＿＿＿＿

2. 调查问卷具体内容

本部分列举了煤矿不安全行为干预的方法，各种干预方法后都有五个选项，根据您感觉的重要程度进行选择。

编号	减少煤矿员工不安全行为的干预方法	非常不同意	比较不同意	中立	比较同意	完全同意
1	管理层安全态度					
2	安全参与和交流					
3	员工选拔					
4	作业标准化					
5	人员结构调整					

编号	减少煤矿员工不安全行为的干预方法	非常不同意	比较不同意	中立	比较同意	完全同意
6	工作压力					
7	合理的作息时间					
8	合理安排生产任务					
9	心理素质锻炼					
10	安全教育和培训					
11	良好的安全氛围					
12	危险源辨识、控制					
13	安全宣传					
14	设置危险标识					
15	绩效考核					
16	健康检查					
17	完善用工制度					
18	安全确认					
19	工友支持					
20	改进作业方式					
21	安全管理制度					
22	引进先进技术					
23	安全检查与监督					
24	工友帮助与指正					
25	安全管理落实					

编号	减少煤矿员工不安全行为的干预方法	非常不同意	比较不同意	中立	比较同意	完全同意
26	自我调节和控制					
27	安全激励落实					
28	罚款、警告					
29	事故案例学习					
30	班组建设					
31	安全激励					
32	亲属安全督促					
33	薪酬水平					
34	管理层素质					
35	安全投入					
36	冗余系统					
37	设备更新与维护					
38	个体安全防护					
39	员工参与管理					
40	安全行为落实					
41	改善物理条件					
42	行为观察与指导					
43	人际关系					
44	安全知识和意识					
45	安全价值观					

续表

编号	减少煤矿员工不安全行为的干预方法	非常不同意	比较不同意	中立	比较同意	完全同意
46	管理层支持					
47	人机匹配性					
48	应急演练					
49	岗位匹配性					
50	作业训练					
51	人机系统可靠性					
52	应急水平					